# Vue.js+ Spring Boot 全栈开发实战

柳伟卫 ◉ 编著

人 民 邮 电 出 版 社

北 京

图书在版编目（CIP）数据

Vue.js+Spring Boot全栈开发实战 / 柳伟卫编著. -- 北京 : 人民邮电出版社, 2023.9
（Web开发人才培养系列丛书）
ISBN 978-7-115-61462-9

Ⅰ. ①V… Ⅱ. ①柳… Ⅲ. ①JAVA语言－程序设计－教材②网页制作工具－程序设计－教材 Ⅳ. ①TP312.8 ②TP393.092.2

中国国家版本馆CIP数据核字(2023)第053143号

## 内 容 提 要

本书全面介绍 Vue.js+Spring Boot 全栈开发所使用的技术，包括 Vue.js 3、Naive UI、md-editor-v3、Nginx、TypeScript、Spring Boot、Spring MVC、Spring Data、Hibernate、H2、MySQL、Spring Security 等开源技术，知识点涉及模块、测试、缓冲区、事件处理、HTTP 编程、组件、模板、指令、监听器、表达式、事件、表单、HTTP 客户端、MVC、JPA、数据存储、安全等众多方面。

本书内容丰富，案例新颖，知识难度由浅及深、层层推进，理论联系实际，具有非常强的实操性。这些知识点既能满足当前企业级应用的开发需求，又能大幅度减轻开发者的负担。本书所介绍的知识较为前沿，并辅以大量的案例，令读者知其然，也知其所以然。读者通过学习本书，可以拓展视野，提升个人技术竞争能力。

本书适合作为大中专院校 Web 开发相关课程的教材，也适合作为培训学校的教材，还可作为 Vue.js+Spring Boot 全栈开发初学者和进阶者的自学教程。

◆ 编　　著　柳伟卫
　责任编辑　刘　博
　责任印制　王　郁　陈　犇
◆ 人民邮电出版社出版发行　　　北京市丰台区成寿寺路 11 号
　邮编　100164　　电子邮件　315@ptpress.com.cn
　网址　https://www.ptpress.com.cn
　三河市祥达印刷包装有限公司印刷
◆ 开本：787×1092　1/16
　印张：17　　　　　　　　2023 年 9 月第 1 版
　字数：419 千字　　　　　2023 年 9 月河北第 1 次印刷

定价：69.80 元

读者服务热线：(010)81055256　印装质量热线：(010)81055316
反盗版热线：(010)81055315
广告经营许可证：京东市监广登字 20170147 号

党的二十大报告中提到："教育、科技、人才是全面建设社会主义现代化国家的基础性、战略性支撑。"在教育改革、科技变革等背景下，软件开发领域的教学发生着翻天覆地的变化。

## 写作背景

Vue.js是目前前端框架组件化开发领域最为流行的技术之一，而Spring Boot则是在Java领域知名度非常高的企业级开发框架。业界将这两者整合进行全栈开发，不失为一种行之有效的开发方式。笔者撰写过包括《Vue.js 3企业级应用开发实战》《Spring Boot 企业级应用开发实战》等在内的有关Vue.js和Spring Boot的书籍，但将Vue.js和Spring Boot整合论述尚属首次。

本书介绍了Vue.js+Spring Boot全栈开发所使用的技术，包括Vue.js 3、Naive UI、md-editor-v3、Nginx、TypeScript、Spring Boot、Spring MVC、Spring Data、Hibernate、H2、MySQL、Spring Security等，是市面上为数不多的介绍全栈技术开发的书籍之一。本书主要面向计算机专业的学生、全栈开发的爱好者及工程师。

## 内容介绍

全书大致分为以下几个部分。

- 概述（第1章）：介绍Vue.js+Spring Boot全栈开发架构所涉及的核心技术栈和周边技术栈的组成。
- Vue.js的基础及进阶（第2～10章）：介绍Vue.js及其周边技术的基础和核心内容。
- Spring Boot的基础及进阶（第11～15章）：介绍Spring Boot及其周边技术的基础和核心内容。
- 实战（第16～19章）：演示如何从零开始实现一个综合实战案例——"新闻头条"。

## 本书特色

- 知识点覆盖全。本书内容既包含前端的Vue.js、Naive UI、md-editor-v3、JavaScript、TypeScript，也包含后端的Spring Boot、Spring MVC、Spring Data、Hibernate、H2、MySQL、Spring Security等，几乎覆盖了全栈开发的所有知识。通过学习本书，读者可以掌握全栈开发技能，具备全栈开发能力。

- 版本新。本书所涉及的技术版本，均为较新版本。
- 案例丰富。本书共有39个知识点实例和4个综合实战案例，案例兼具应用性和实践性。通过丰富的案例，读者可以更好地掌握所学知识，锻炼开发能力。

## 本书所采用的技术及相关版本

技术的版本是非常重要的，因为不同版本之间存在兼容性问题，而且不同版本的软件所对应的功能也是不同的。本书所列技术在版本上相对较新，都是经过编者大量测试的。这样读者在自行编写代码时，可以参考本书所列出的技术版本，从而避免版本不兼容问题。建议读者将相关开发环境设置得跟本书一致，或者不低于本书所列的配置。

## 勘误和交流

由于编者能力有限，书中难免有错漏之处，欢迎读者通过关键字“柳伟卫”搜索本人博客、邮箱、微博以及GitHub账号与本人联系。

## 致谢

感谢人民邮电出版社的各位工作人员为本书的出版所做的努力。

感谢我的父母、妻子和两个女儿。由于撰写本书，我牺牲了很多陪伴家人的时间。谢谢他们对我的理解和支持。

感谢关心和支持我的朋友、读者、网友。

柳伟卫

2023年6月

## 第1章 Vue.js+Spring Boot全栈开发概述



## 第2章 Vue.js基础

# 第3章 Vue.js应用实例



# 第4章 Vue.js组件



# 第5章 Vue.js模板

## 第 6 章 Vue.js计算属性与监听器



## 第 7 章 Vue.js表达式



## 第 8 章 Vue.js事件



## 第 9 章 Vue.js表单

## 第 10 章 Vue.js HTTP客户端



## 第 11 章 Spring Boot概述



## 第 12 章 Spring框架核心概念

## 第 13 章 Spring MVC及常用MediaType



## 第 14 章 数据持久化

## 第 15 章 集成Spring Security



## 第 16 章 实战1：基于Vue.js和Spring Boot的Web应用——“新闻头条”



## 第 17 章 实战2：前端UI客户端应用



## 第 18 章 实战3：后端服务器应用

## 第 19 章 实战4：使用Nginx实现高可用

# 第1章 Vue.js+Spring Boot全栈开发概述

本章主要介绍Vue.js+Spring Boot全栈开发架构的技术组成及技术优势，并介绍开发Vue.js+Spring Boot全栈开发应用所需要的开发工具。

## 1.1 Vue.js+Spring Boot全栈开发核心技术栈的组成

Vue.js+Spring Boot全栈开发架构是指以Vue.js和Spring Boot两种技术为核心的技术栈，广泛应用于全栈Web开发。

曾经，业界流行使用LAMP（Linux、Apache、MySQL和PHP）架构来快速开发小、中型网站。LAMP是开放源码的，而且使用简单、价格低廉，因此LAMP架构成为当时开发小、中型网站的首选，号称“平民英雄”。而今，随着Java和Spring框架的流行，业界逐渐将Spring Boot作为Java企业级应用开发事实上的标准。而在前端开发方面，以模块化、组件化、面向对象的开发方式为特点的Vue.js也逐步取代传统的以jQuery为核心的脚本化开发。Vue.js+Spring Boot全栈开发架构，除了具备LAMP架构的一切优点外，还能支撑高可用、高并发的大型Web应用开发。

### 1.1.1 Vue.js

前端组件化开发是目前主流的开发方式，不管是Angular、React，还是Vue.js都如此。与使用Angular、React相比，用户使用Vue.js会比较简单，易于入门。

传统的Vue.js是采用JavaScript编写的，在新版的Vue.js 3中也支持TypeScript。Vue.js主要面向开发渐进式的Web应用。

有关Vue.js方面的内容，读者可以参阅笔者所著的《Vue.js 3企业级应用开发实战》。有关Angular方面的内容，读者可以参阅笔者所著的《Angular企业级应用开发实战》。

在Vue.js+Spring Boot全栈开发架构中，Vue.js承担着UI（User Interface，用户界面）客户端开发的任务。

### 1.1.2 Spring Boot

Spring Boot是Java领域“炙手可热”的开发框架。

Spring Boot可以轻松创建“可直接运行”的、独立的、生产级的基于Spring的应用程序。大多数Spring Boot应用仅需最少的 Spring配置。

Spring Boot具备以下特性。

- 可以创建独立运行的Spring应用。
- 可以直接嵌入Tomcat、Jetty或Undertow，而无须将应用打包成WAR文件来部署。
- 简化构建配置。
- 尽可能自动配置Spring和第三方库。
- 提供生产级的功能，例如指标、健康检查和外部化配置。

有关Spring Boot方面的内容，读者可以参阅笔者所著的《Spring Boot企业级应用开发实战》。

## 1.2 Vue.js+Spring Boot全栈开发周边技术栈的组成

为了构建大型Web应用，除常使用Vue.js+Spring Boot全栈开发架构的两种核心技术外，业界还常使用Naive UI、md-editor-v3、Nginx、Spring Security、Spring MVC、Spring Data、Hibernate、H2、MySQL等周边技术。

### 1.2.1 Naive UI

Naive UI是一款支持Vue.js 3的前端UI框架，有超过70个组件，可有效减少代码的编写量。

Naive UI全量使用TypeScript编写，因此可以和TypeScript项目无缝衔接。

Naive UI具备如下特性。

- 比较完整。Naive UI有超过70个组件，能使用户少写一点代码，且它们全都支持Tree Shaking（摇树优化）。
- 主题可调。Naive UI提供使用TypeScript构建的先进的类型安全主题系统。用户只需要提供一个样式覆盖的对象，剩下的操作都交给Naive UI完成即可。
- 使用TypeScript。Naive UI使用TypeScript编写而成，可以与TypeScript无缝衔接。顺便一提，它不需要导入任何CSS代码就能让组件正常工作。
- 界面渲染速度快。select、tree、transfer、table、cascader等组件都支持按需显示可以根据用户的滚动渲染可视区域内的一部分列表元素，而不必渲染所有列表项。

在Vue.js+Spring Boot全栈开发架构中，Naive UI将与Vue.js一起构建炫酷的UI。

### 1.2.2 md-editor-v3

Markdown是一种可使用普通文本编辑器编写的标记语言。通过简单的标记语法，它可以使普通文本内容具有一定的格式。因此在内容管理类的应用中，经常采用Markdown编辑器来编辑文本内容。

md-editor-v3是一款Markdown插件，能够将Markdown格式的内容渲染成HTML（Hypertext Markup Language，超文本标记语言）格式的内容。最为重要的是，md-editor-v3是支持Vue.js 3的，因此其与Vue.js 3应用有着良好的兼容性。

在Vue.js+Spring Boot全栈开发架构中，md-editor-v3将与Vue.js一起构建内容编辑器。

### 1.2.3 Nginx

在大型Web应用中，经常使用Nginx作为Web服务器。

Nginx是免费的、开源的、高性能的HTTP服务器和反向代理，同时也是IMAP（Internet Message Access Protocol，因特网消息访问协议）/POPv3（Post Office Protocol version 3，邮局协议第3版）代理服务器。Nginx以其高性能、稳定性、丰富的功能集、简单的配置和低资源消耗而闻名。

Nginx是市面上为解决C10k问题而编写的仅有的几个服务器之一。与传统服务器不同，Nginx不依赖于线程来处理请求。相反，它使用可扩展的事件驱动（异步）架构，这种架构在高负载场景下使用小的，但更重要的是可预测的内存量。即使在需要处理数千个并发请求的场景下，用户仍然可以从Nginx的高性能和占用内存少等方面获益。可以说Nginx在各个场景都能使用，从最小的VPS（Virtual Private Server，虚拟专用服务器）一直到大型服务器集群。

在Vue.js+Spring Boot全栈开发架构中，Nginx承担着Vue.js应用部署以及负载均衡的任务。

### 1.2.4 Spring Security

Spring Security为基于Java EE的企业级应用程序提供全面的安全服务。特别是使用Spring框架构建的项目，用户可以使用Spring Security来加快构建的速度。

Spring Security的出现有很多原因，主要是基于Java EE的Servlet规范或EJB（Enterprise JavaBean，企业级JavaBean）规范对企业级应用缺乏安全性方面的支持。而Spring Security解决了这些问题，并带来了数十个有用的可自定义的安全功能。

有关Spring Security的详细内容，读者可参阅笔者所著的《Spring Security教程》。

### 1.2.5 Spring MVC

Spring MVC是Spring提供的基于MVC（Model-View-Controller，模型-视图-控制器模式）的轻量级Web开发框架，本质上相当于Servlet。

Spring MVC角色划分清晰，分工明确。由于Spring MVC本身就是Spring框架的一部分，因此它可以与Spring框架无缝集成。

在性能方面，Spring MVC具有先天的优越性，它是当今业界最主流的Web开发框架之一，也是最热门的开发技术之一。

一个好的框架要减轻开发人员处理复杂问题的负担，在内部有良好的扩展，并且有支持它的庞大用户群体，Spring MVC恰恰都做到了。

有关Spring MVC的详细内容，读者可参阅笔者所著的《Spring 5 开发大全》。

### 1.2.6 Spring Data

Spring Data的使命是为数据访问提供熟悉且一致的、基于Spring的编程模型，同时仍保留底层数据存储的特征。

Spring Data使使用数据访问技术、关系型数据库和非关系型数据库、MapReduce框架以及基于云的数据服务变得容易。

### 1.2.7 Hibernate

Hibernate是一个开放源码的ORM（Object Relational Mapping，对象关系映射）框架，它对JDBC（Java Database Connectivity，Java数据库互连）进行了轻量级的对象封装，并将POJO（Plain Ordinary Java Object，简单的Java对象）与数据表建立映射关系。Hibernate可以自动生成SQL（Structured Query Language，结构查询语言）语句并自动执行，使得Java程序员可以随心所欲地使用对象编程思维来操纵数据库。

Hibernate可以应用在任何使用JDBC的场合，既可以在Java的客户端程序中使用，也可以在Servlet/JSP（Java Server Pages，Java服务器页面）的Web应用中使用。最具革新意义的是，Hibernate可以在应用EJB的Java EE架构中取代CMP（Container-Managed Persistence，容器管理持久化），完成数据持久化的重任。

### 1.2.8 H2

H2是一款开源的嵌入式数据库，采用Java语言编写，不受平台的限制。

同时H2提供了一个十分方便的Web控制台用于操作和管理数据库内容。

H2还提供兼容模式，可以兼容一些主流的数据库，因此采用H2作为开发期的数据库非常方便。

H2作为一款嵌入式的数据库，它最大的好处就是可以嵌入Web应用，与Web应用绑定在一起，成为Web应用的一部分。

有关H2的详细内容，读者可参阅笔者所著的《H2 Database 教程》。

### 1.2.9 MySQL

MySQL是知名的开源关系型数据库。MySQL 8为用户带来了全新的体验，例如支持NoSQL、JSON（JavaScript Object Notation，JavaScript对象简谱）等，拥有MySQL 5.7两倍以上的性能提升。

图1-1是2021年—2022年的数据库流行度排行结果。从图1-1中可以看到，MySQL在开源关系型数据库中是排行第一的。

| Rank | | | DBMS | Database Model | Score | | |
|---|---|---|---|---|---|---|---|
| Apr 2022 | Mar 2022 | Apr 2021 | | | Apr 2022 | Mar 2022 | Apr 2021 |
| 1. | 1. | 1. | Oracle | Relational, Multi-model | 1254.82 | +3.50 | -20.10 |
| 2. | 2. | 2. | MySQL | Relational, Multi-model | 1204.16 | +5.93 | -16.53 |
| 3. | 3. | 3. | Microsoft SQL Server | Relational, Multi-model | 938.46 | +4.67 | -69.51 |
| 4. | 4. | 4. | PostgreSQL | Relational, Multi-model | 614.46 | -2.47 | +60.94 |
| 5. | 5. | 5. | MongoDB | Document, Multi-model | 483.38 | -2.28 | +13.41 |
| 6. | 6. | ↑7. | Redis | Key-value, Multi-model | 177.61 | +0.85 | +21.72 |
| 7. | ↑8. | ↑8. | Elasticsearch | Search engine, Multi-model | 160.83 | +0.89 | +8.66 |
| 8. | ↓7. | ↓6. | IBM Db2 | Relational, Multi-model | 160.46 | -1.69 | +2.68 |
| 9. | 9. | ↑10. | Microsoft Access | Relational | 142.78 | +7.36 | +26.06 |
| 10. | 10. | ↓9. | SQLite | Relational | 132.80 | +0.62 | +7.74 |

图1-1 2021年—2022年的数据库流行度排行结果

# 1.3 Vue.js+Spring Boot全栈开发架构的优势

Vue.js+Spring Boot全栈开发架构在企业级应用中被广泛采用，总结起来其具备以下优势。

**1．开源**

正如1.1节和1.2节所述，无论是Vue.js、Spring Boot这两种核心技术还是Naive UI、md-editor-v3、Nginx、Spring Security、Spring MVC、Spring Data、Hibernate、H2、MySQL等周边技术，Vue.js+Spring Boot全栈开发架构中所有的技术都是开源的。

开源技术相对闭源技术而言，有其优势：一方面，开源技术的源码是公开的，互联网公司在考察某项技术是否符合自身开发需求时，可以对源码进行分析；另一方面，开源技术商用的成本相对比较低，这对于很多初创的互联网公司而言，可以节省一大笔技术投入。因此Vue.js+Spring Boot全栈开发架构被称为开发下一代大型Web应用的“平民英雄”。

当然，开源技术是把“双刃剑”，能够看到源码，并不意味着可以解决所有问题。开源技术在技术支持上不能与闭源技术相提并论，毕竟闭源技术有成熟的商业模式，会提供完善的商业支持。而开源技术更多依赖于社区对于开源技术的支持。如果在使用开源技术的过程中发现了问题，用户可以反馈给开源社区，但开源社区不能保证在什么时候、什么版本能够修复发现的问题。所以使用开源技术时，开发团队需要对开源技术有深刻的了解，最好能够“吃透”源码，这样在发现问题时，就能够及时解决源码上的问题。

例如，在关系型数据库方面，同属于Oracle（甲骨文）公司的MySQL数据库和Oracle数据库就是开源技术与闭源技术的两大代表，两者占据了全球数据库的占有率排行的前两名。MySQL数据库主要被小、中型企业或者云计算供应商采用，而Oracle数据库则由于其稳定、高性能的特性，深受政府和银行等客户的信赖。

**2．跨平台**

跨平台意味着开发和部署应用的成本低。

试想一下，当今操作系统“三足鼎立”，分别是Linux、macOS、Windows，如果开发人员需要针对不同的操作系统平台开发不同的软件，那么开发成本势必会非常高，而且每个操作系统平台都有不同的版本、分支，仅仅做不同版本的适配都需要耗费极大的人力，更别提要针对不同的平台开发软件了。因此跨平台可以节省开发成本。

同理，由于使用Vue.js+Spring Boot全栈开发架构开发的软件是具有跨平台特性的，开发人员无须担心在部署应用过程中的兼容问题。开发人员在本地开发环境所开发的软件，理论上是可以通过持续集成的方式直接部署到生产环境中，因而可以节省部署的成本。

Vue.js+Spring Boot全栈开发架构具备的跨平台特性，使其非常适合构建Cloud Native应用，特别是在当今容器常常作为微服务的宿主的情况下，而Vue.js+Spring Boot全栈开发架构的应用是支持通过Docker部署的。

有关Cloud Native方面的内容，读者可以参阅笔者所著的《Cloud Native 分布式架构原理与实践》。

**3．辅助全栈开发**

类似于系统架构师，全栈开发人员应该比一般的软件工程师具有更广的知识面，是拥有全栈软件设计思维并掌握多种开发技能的复合型人才，能够独当一面。相比于Spring Boot工程师、Vue.js工程师偏重某项技能而言，全栈开发人员必须掌握整个应用架构的全部细节，要能够从零开始构建全套完整的企业级应用。

一名全栈开发人员，在开发时往往会做如下问题的预测，并做好防御。

- 当前所开发的应用会部署到什么样的服务器、网络环境中？
- 服务在哪里可能会崩溃？为什么会崩溃？
- 应用是否应该适当地使用云存储？
- 程序是否具备数据冗余？
- 应用是否具备可用性？
- 界面是否友好？
- 性能是否能够满足当前的要求？
- 哪些位置需要加日志，以方便通过日志排查问题？

除上述问题的预测外，全栈开发人员要能够建立合理的、标准的关系模型，包括外键、索引、视图、查找表等。

全栈开发人员要熟悉非关系数据存储，并且知道它们相对关系数据存储的优势所在。

当然，人的精力毕竟有限，所以成为全栈开发人员并非易事。但Vue.js+Spring Boot全栈开发架构让这成为可能。Vue.js+Spring Boot全栈开发架构以Vue.js和Spring Boot为整个技术栈的核心，Vue.js采用的编程语言是TypeScript（类JavaScript），而Spring Boot采用的编程语言是Java，这意味着，开发人员只需要掌握JavaScript和Java这两种编程语言，即可掌握Vue.js+Spring Boot全栈开发架构的所有技术，这不得不说是全栈开发人员的“福音”。

#### 4．支持企业级应用

无论是Spring Boot、Vue.js还是MySQL，这些技术在大型互联网公司都被广泛采用。无数应用也证明了Vue.js+Spring Boot全栈开发架构是非常适合用来构建企业级应用的。企业级应用是指那些为商业组织、大型企业而创建并部署的解决方案。大型企业级应用的结构复杂，涉及众多外部资源、事务密集、数据量大、用户数多，有较高的安全性要求。

Vue.js+Spring Boot全栈开发架构用于开发企业级应用，不但具有强大的功能，还能够满足未来业务变化的需求，使其易于升级和维护。

更多有关企业级应用开发方面的内容，读者可以参阅笔者所著的《Spring Boot 企业级应用开发实战》《Vue.js 3企业级应用开发实战》《Node.js企业级应用开发实战》《Angular企业级应用开发实战》等。

#### 5．支持构建微服务

微服务（Microservices）架构风格就像是把小的服务开发成单一应用的形式，运行在自己的进程中，并采用轻量级的机制（一般是HTTP资源接口）进行通信。这些服务围绕业务功能来构建，通过全自动部署工具来实现独立部署。这些服务可以使用不同的编程语言和不同的数据存储技术，并保持最小化集中管理。

Vue.js+Spring Boot全栈开发架构非常适合构建微服务，原因如下。

- Spring Boot本身提供了跨平台的能力，可以运行在自己的进程中。
- Spring MVC易于构建Web服务，并支持HTTP（Hypertext Transfer Protocol，超文本传送协议）通信。

- Spring Boot+MySQL具备从前端到后端，再到数据存储的全栈开发功能。

开发人员可以轻易地通过Vue.js+Spring Boot全栈开发架构来构建并快速启动一个微服务应用。业界也提供了成熟的微服务解决方案（例如Tars.js、Seneca等）来打造大型微服务架构系统。有关微服务方面的内容，读者可以参阅笔者所著的《Spring Cloud 微服务架构开发实战》。

**6．业界主流**

Vue.js+Spring Boot全栈开发架构所涉及的技术都是业界主流，主要体现在以下几方面。

- MySQL在开源关系型数据库的占有率方面是排行第一的，而且用户量还在递增。
- 只要掌握Java就必然需要掌握Spring Boot，而Java是开源界最流行的开发语言之一。
- Vue.js是目前前端组件化开发中比较主流的方式。Nginx也是目前使用非常广泛的代理服务器。

# 1.4 开发工具的选择

选择适合自己的IDE（Integrated Development Environment，集成开发环境）有助于提升编程质量和开发效率。

## 1.4.1 前端开发工具的选择

如果你是一名前端工程师，那么可以不必投入太多时间来安装IDE，用你平时熟悉的IDE来开发Vue.js+Spring Boot全栈开发架构的前端应用即可，毕竟Vue.js+Spring Boot全栈开发架构的核心编程语言仍然是JavaScript。例如，前端工程师经常会选择诸如Visual Studio Code、Eclipse、WebStorm、Sublime Text等。理论上Vue.js+Spring Boot全栈开发架构不会对开发工具有任何的限制，甚至支持直接用文本编辑器来开发。

如果你是一名初级的前端工程师，或者不知道如何选择IDE，那么笔者建议你尝试使用Visual Studio Code。Visual Studio Code与TypeScript一样，都是微软公司出品的，对TypeScript、Vue.js、Spring Boot编程有着优秀的支持，而且这款IDE是免费的，你可以随时下载使用。本书的示例也是基于Visual Studio Code编写的。

## 1.4.2 后端开发工具的选择

如果针对后端开发（这里特指Spring Boot开发），则建议采用Eclipse或者IntelliJ IDEA。两者是目前Java开发人员采用非常多的IDE，都有丰富的插件并且对Java开发有着优秀的支持。

# 1.5 本章小结

本章主要介绍了Vue.js+Spring Boot全栈开发架构的技术组成及技术优势。Vue.js+Spring Boot

全栈开发架构的核心技术是Vue.js和Spring Boot。业界还常使用Naive UI、md-editor-v3、Nginx、Spring Security、Spring MVC、Spring Data、Hibernate、H2、MySQL等周边技术。本章最后还介绍了开发Vue.js+Spring Boot全栈开发应用的优势及需要的开发工具。

## 1.6 习题

1. 请简述Vue.js+Spring Boot全栈开发架构核心技术栈的组成。
2. 请简述Vue.js+Spring Boot全栈开发周边技术栈的组成。
3. 请简述Vue.js+Spring Boot全栈开发的优势。

# 第2章 Vue.js基础

本章介绍Vue.js的基础概念、Vue CLI及如何创建第一个Vue.js应用。

## 2.1 Vue.js产生的背景

什么是Vue.js？Vue.js也经常被简称为Vue。Vue的读音是“[vjuː]”，与英文单词“view”的读音类似。Vue的命名目的与view的含义有关，即致力于视图层的开发。

Vue.js是一套用于构建UI的框架（Framework）。Vue.js的核心库只关注视图层，不仅易于上手，还易于与第三方库或既往项目整合。另外，当与现代化的工具链和各种支持类库结合使用时，Vue.js也完全能够应对复杂的单页应用程序（Single Page Application，SPA）。

Vue.js的产生与当前的前端开发方式的巨变有着必然联系。

### 2.1.1 Vue.js与jQuery的不同

传统的Web前端开发主要采用以jQuery为核心的技术栈。jQuery主要用来操作DOM（Document Object Model，文档对象模型），其最大的作用是消除各浏览器的开发差异，简化和丰富DOM的接口（Application Programming Interface，应用程序编程接口），例如DOM的转换、事件处理、动画和AJAX（Asynchronous JavaScript and XML，异步JavaScript和XML技术）交互等。

Vue.js的优势如下。

- 它是一个完整的框架，试图解决现代Web应用开发各个方面的问题。Vue.js有着诸多特性，核心功能包括模块化、自动化双向数据绑定、响应式等。
- Vue.js用一种完全不同的方法来构建UI，其中以声明方式指定视图模型驱动的变化。而jQuery常常需要编写以DOM为中心的代码，随着项目复杂性的增长（无论是在规模还是在交互性方面），代码会变得越来越难控制。

鉴于以上优势，所以Vue.js更加适合现代的企业级应用开发。

### 2.1.2 Vue.js与React、Angular的优势对比

在当前主流的Web框架中，Vue.js与React、Angular是备受瞩目的3个框架。

**1．从市场占有率来看**

Angular与React相对来说比较“老牌”，而Vue.js是后起之秀，所以Angular与React的市场占有率都比Vue.js的市场占有率更高。但需要注意的是，Vue.js的用户增长速度很快，有迎头赶上之势。

**2．从支持度来看**

Angular与React背后的公司分别是Google和Facebook，而Vue.js属于个人项目。所以无论是开发团队还是技术社区，Angular与React都更加具有优势。

Vue.js的使用风险相对高一些，毕竟它在很大程度上依赖于维护者的生存能力和将它继续维护下去的愿望。好在目前大的互联网公司都在与Vue.js展开合作，这样在一定程度上会让Vue.js走得更远。

**3．从开发体验来看**

React应用是采用JavaScript或者TypeScript编写的，并采用组件化的方式来开发可重用的UI。React的HTML元素是嵌在JavaScript代码中的，这样在一定程度上有助于关注点的聚焦，但不是所有的开发人员都能接受这种JavaScript代码与HTML元素“混杂”的方式。

Vue.js是采用JavaScript编写的，在Vue.js 3中也支持TypeScript。Vue.js主要面向开发渐进式的Web应用，用户使用起来比较简单，易于入门。

Angular有着良好的模板与脚本相分离的代码组织方式，在大型系统中可以方便地实现代码管理和维护。Angular完全基于TypeScript语言来开发，拥有更强的类型体系，使得代码更加健壮，也利于后端开发人员掌握。

**4．从框架的强制性来看**

每个框架都不可避免地会有自己的一些特点，从而对开发人员有一定的要求，这些要求就体现了强制性。强制性的约束有大有小，框架的强制程度会影响在业务开发中的使用。例如，Angular是强制性大的框架，开发人员如果要用它，则必须接受以下要求：

- 必须使用它的模块机制；
- 必须使用它的“依赖注入”；
- 必须使用它的特殊形式来定义组件。

所以Angular是有比较强的排他性的。如果你的应用不是从头开始构建的，而是要不断考虑是否跟其他技术集成的，这些要求会给你带来一些困扰。

又如React，它也有一定程度的强制性。它的强制性主要体现在函数式编程的理念，例如：

- 需要知道什么是副作用；
- 需要知道什么是纯函数；
- 需要知道如何隔离副作用。

相对而言，React的强制性没有Angular的那么大，但是比Vue.js的大。

因此，Vue.js有小强制性，可以让开发人员更快上手。

## 2.1.3 Vue.js、React、Angular三者怎么选

Angular、React、Vue.js都是非常流行的框架，有着不同的受众，开发人员选择哪个框架应

考虑实际应用的需要。

总的来说，三者在入门难度和功能强大程度上的排序如下。

- 入门难度顺序：Vue.js＜React＜Angular。
- 功能强大程度：Vue.js＜React＜Angular。

建议如下。

- 如果你只想快速实现一个小型应用，那么选择Vue.js无疑是最经济的。
- 如果你想要建设大型的应用，或者考虑进行长期维护，那么建议你选择Angular。Angular可以让你从一开始就采用规范的方式来开发，并且能降低出错的可能性。

# 2.2 Vue.js的安装

Vue.js的安装是通过Vue CLI工具完成的。安装Vue CLI工具前，需要先安装Node.js。

## 2.2.1 安装Node.js和npm

下载并安装完Node.js和npm之后，可在终端/控制台窗口中执行命令“node -v”和“npm -v”来验证一下安装是否正确。

```
$ node -v
v17.3.0

$ npm -v
8.6.0
```

## 2.2.2 Node.js与npm的关系

如果你熟悉Java，那么你一定知道Maven。Node.js与npm的关系，就如同Java与Maven的关系。

简而言之，Node.js与Java一样，都是运行应用的平台，且它们都是运行在虚拟机中的。Node.js基于Google Chrome V8引擎，而Java基于JVM（Java Virtual Machine，Java虚拟机）。

npm与Maven类似，都用于依赖库的管理。npm用于管理JavaScript库，而Maven用于管理Java库。

## 2.2.3 安装npm镜像

npm默认从国外的npm源来获取和下载包信息。鉴于网速慢的原因，有时可能无法正常访问源，从而导致无法正常安装软件。

我们可以采用国内的npm镜像来解决下载包信息网速慢的问题。在终端上，通过npm config set命令来设置npm镜像。以下演示了设置淘宝的npm镜像的命令：

```
$ npm config set registry=http://registry.npm.taobao.org
```

更多设置方式，读者可以参考笔者的博客。

### 2.2.4 安装Vue CLI

Vue CLI是一款命令行界面工具，可用于快速开发Vue应用程序，它提供：

- 通过@vue/cli实现交互式的项目脚手架；
- 通过@vue/cli和@vue/cli-service-global实现零配置快速原型开发；
- 运行时依赖项@vue/cli-service；
- 丰富的官方插件集合，集成前端生态系统中的优秀工具；
- 完整的图形用户界面，用于创建和管理Vue项目。

Vue CLI的目标是成为Vue生态系统的标准工具，可以确保各种构建工具在默认的设置下顺利运行，因此开发人员可以专注于编写应用程序，而不必耗费大量时间进行配置工作。同时，它可以灵活地调整每个工具的配置，而无须退出各个工具。

我们可通过npm采用全局安装的方式来安装Vue CLI，具体命令如下：

```
npm install -g @vue/cli
```

安装完成之后，执行以下命令可以看到Vue CLI的版本，则证明安装成功。

```
vue -V
@vue/cli 4.5.11
```

### 2.2.5 安装Vue Devtools

使用Vue.js时，建议在浏览器中安装Vue Devtools，这样可以使开发人员在更加友好的界面中检查和调试Vue.js应用。Vue.js针对不同浏览器提供不同的Vue Devtools插件。

## 2.3 Vue CLI的常用操作

本节介绍Vue CLI的常用操作。

### 2.3.1 获取帮助

执行“vue -h”命令，可以获取对于Vue CLI常用操作的提示。结果如下：

```
>vue -h
Usage: vue <command> [options]

Options:
```

```
    -V, --version                          output the version number
    -h, --help                             output usage information

  Commands:
    create [options] <app-name>            create a new project powered by
vue-cli-service
    add [options] <plugin> [pluginOptions]  install a plugin and invoke its
generator in an already created project
    invoke [options] <plugin> [pluginOptions] invoke the generator of a plugin
in an already created project
    inspect [options] [paths...]           inspect the webpack config in a
project with vue-cli-service
    serve [options] [entry]                serve a .js or .vue file in
development mode with zero config
    build [options] [entry]                build a .js or .vue file in
production mode with zero config
    ui [options]                           start and open the vue-cli ui
    init [options] <template> <app-name>   generate a project from a remote
template (legacy API, requires @vue/cli-init)
    config [options] [value]               inspect and modify the config
    outdated [options]                     (experimental) check for
outdated vue cli service / plugins
    upgrade [options] [plugin-name]        (experimental) upgrade vue cli
service / plugins
    migrate [options] [plugin-name]        (experimental) run migrator
for an already-installed cli plugin
    info                                   print debugging information
about your environment

    Run vue <command> --help for detailed usage of given command.
```

## 2.3.2 创建应用

创建应用可以使用“vue create”命令实现，例如：

```
  vue create hello-world
```

vue create 命令有一些可选项，你可以通过运行以下命令进行探索：

```
  vue create --help
  Usage: create [options] <app-name>

  create a new project powered by vue-cli-service


  Options:

    -p, --preset <presetName>       Skip prompts and use saved or remote preset
    -d, --default                   Skip prompts and use default preset
    -i, --inlinePreset <json>       Skip prompts and use inline JSON string as
preset
```

```
    -m, --packageManager <command>  Use specified npm client when installing
dependencies
    -r, --registry <url>            Use specified npm registry when installing
dependencies
    -g, --git [message|false]       Force / skip git initialization, optionally
specify initial commit message
    -n, --no-git                    Skip git initialization
    -f, --force                     Overwrite target directory if it exists
    -c, --clone                     Use git clone when fetching remote preset
    -x, --proxy                     Use specified proxy when creating project
    -b, --bare                      Scaffold project without beginner instructions
    -h, --help                      Output usage information
```

### 2.3.3 创建服务

在一个 Vue CLI 应用中，@vue/cli-service安装了一个名为vue-cli-service的命令。我们可以在npm脚本中以 vue-cli-service，或者在终端中以 ./node_modules/.bin/vue-cli-service访问这个命令。

以下是Vue CLI中的默认package.json文件内容：

```
{
  "scripts": {
    "serve": "vue-cli-service serve",
    "build": "vue-cli-service build"
  }
}
```

通过npm或yarn可以调用package.json中定义的脚本：

```
npm run serve
```

或者

```
yarn serve
```

如果你可以使用npx（最新版的npm已经自带），此时也可以直接执行如下命令：

```
npx vue-cli-service serve
```

### 2.3.4 运行应用

vue-cli-service serve 命令会运行一个开发服务器（基于webpack-dev-server）并附带“开箱即用”的模块热替换（Hot-Module-Replacement）。该命令的用法如下：

```
vue-cli-service serve [options] [entry]

options:

  --open         open browser on server start
```

```
    --copy          copy url to clipboard on server start
    --mode          specify env mode (default: development)
    --host          specify host (default: 0.0.0.0)
    --port          specify port (default: 8080)
    --https         use https (default: false)
    --public        specify the public network URL for the HMR client
    --skip-plugins  comma-separated list of plugin names to skip for this run
```

除了通过命令行参数，还可以使用 vue.config.js 里的 devServer 字段配置开发服务器。

命令行参数 entry 将被指定为唯一入口，而非额外的入口。尝试使用 entry 覆盖 config.pages 中的 entry 可能会引发错误。

### 2.3.5 编译应用

vue-cli-service build 会在 dist/目录中产生一个可用于生产环境的包，该包包含被压缩过的 JavaScript/CSS/HTML文件，并自动进行供应商块拆分（vendor chunk splitting）以便更好地被缓存。它的 chunk manifest 会内联在 HTML 代码里。命令如下：

```
  vue-cli-service build [options] [entry|pattern]

  options:

    --mode          specify env mode (default: production)
    --dest          specify output directory (default: dist)
    --modern        build app targeting modern browsers with auto fallback
    --no-unsafe-inline build app without introducing inline scripts
    --target        app | lib | wc | wc-async (default: app)
    --formats       list of output formats for library builds (default: commonjs,
umd,umd-min)
    --inline-vue    include the Vue module in the final bundle of library or web
component target
    --name          name for lib or web-component mode (default: "name" in
package.json or entry filename)
    --filename      file name for output, only usable for 'lib' target (default:
value of --name),
    --no-clean      do not remove the dist directory before building the project
    --report        generate report.html to help analyze bundle content
    --report-json   generate report.json to help analyze bundle content
    --skip-plugins  comma-separated list of plugin names to skip for this run
    --watch         watch for changes
```

其中一些有用的命令参数说明如下。

- --modern：使用现代模式构建应用，为现代浏览器交付原生支持的 ES2015 代码，并生成兼容旧浏览器的包来进行自动回退。
- --target：允许你将应用中的任何组件以一个库或 Web组件的方式进行构建。
- --report 和 --report-json：生成统计报告，会帮助你分析包中的模块的大小。

# 2.4 实例1：创建第一个Vue.js应用

下面将创建第一个Vue.js应用“hello-world”。借助于Vue CLI工具，我们甚至不需要编写代码，就能实现一个完整、可用的Vue.js应用。

## 2.4.1 使用Vue CLI初始化应用

Vue CLI主要有以下两种初始化应用的方式。

**1．可视化工具界面方式**

在需要创建应用（项目）的文件夹下启动终端，在命令行执行下面的命令：

```
vue ui
```

这个命令会在浏览器中打开Vue CLI可视化工具界面，如图2-1所示。

图 2-1　Vue CLI 可视化工具界面

我们可以通过页面上的“创建”标签来创建应用。单击“创建”标签，切换到相应选项卡后，单击“在此创建新项目”按钮（如图2-2所示）来执行下一步。

图 2-2　单击“在此创建新项目”按钮

此时，可以看到“创建新项目”界面，在该界面中输入应用的信息，例如项目文件夹（应用名称）、包管理器等。

如图2-3所示，创建了一个名为“hello-world”、采用npm包管理器的项目。

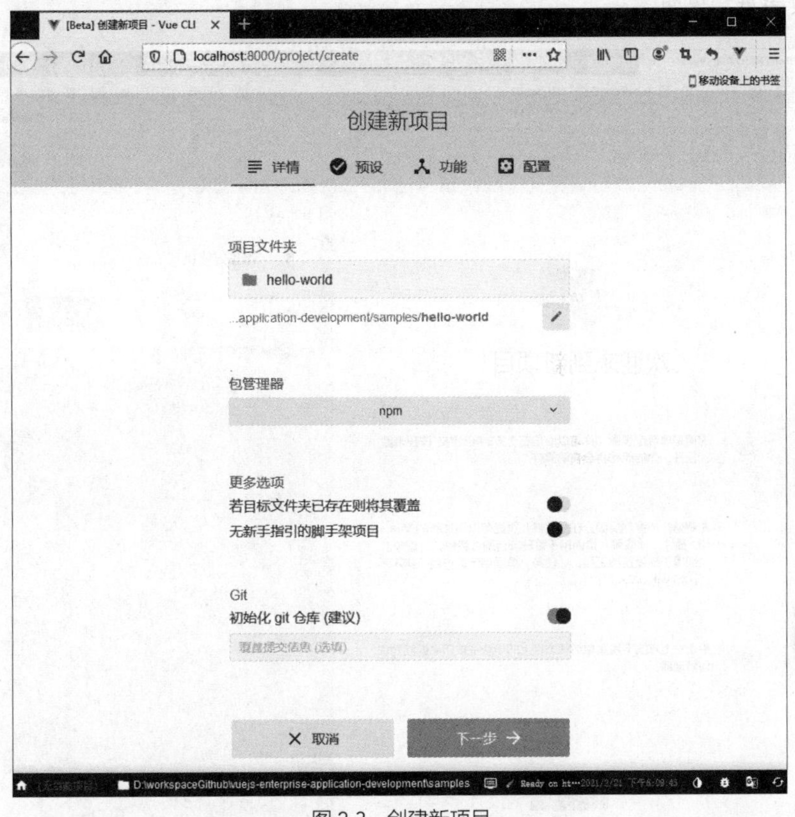


图 2-3　创建新项目

单击“下一步”按钮，可以看到图2-4所示的界面。这里我们选中“预设模板（Vue 3预览）”，并单击“创建项目”按钮。

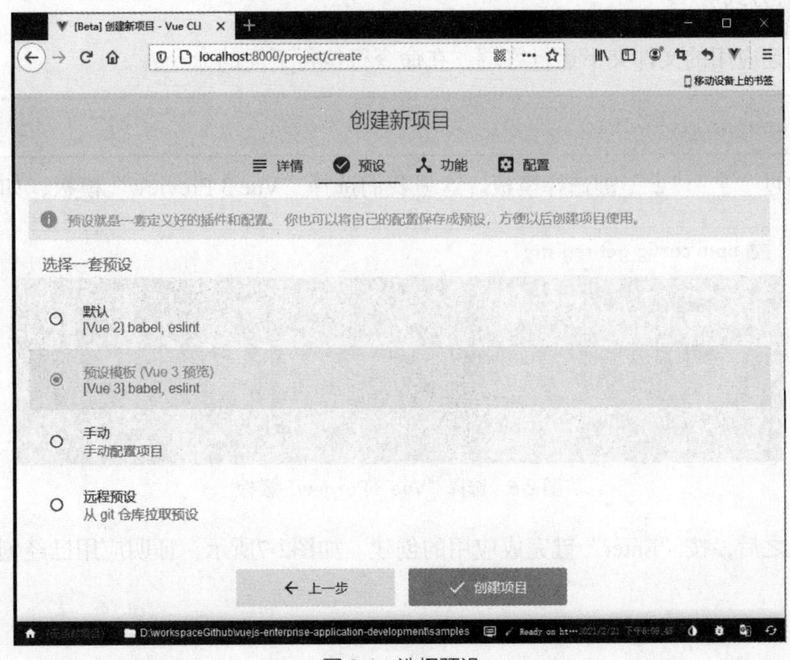


图 2-4　选择预设

看到图2-5所示的应用界面则证明应用创建完成。该界面就是我们所创建的“hello-world”应用的“项目仪表盘”界面。

图 2-5　应用创建完成

**2．命令行方式**

在需要创建应用的文件夹下运行终端，在命令行执行下面的命令：

```
vue create hello-world
```

之后，通过“↑”“↓”键选择模板。这里我们选择“Vue 3 Preview”模板，如图2-6所示。

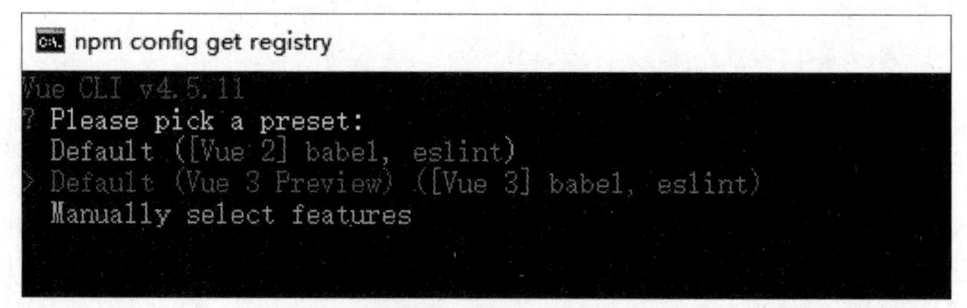

图 2-6　选择“Vue 3 Preview”模板

选定模板之后，按“Enter”键完成应用的创建。如图2-7所示，证明应用已经创建完成。

```
C:\Windows\System32\cmd.exe
D:\workspaceGithub\vuejs-enterprise-application-development\samples>vue create hello-world

? Please pick a preset:

  Creating project in D:\workspaceGithub\vuejs-enterprise-application-development\samples\hello-world.
  Installing CLI plugins. This might take a while...

added 1267 packages in 32s
  Invoking generators...
  Installing additional dependencies...

added 73 packages in 5s
  Running completion hooks...

  Generating README.md...

  Successfully created project hello-world.
  Get started with the following commands:
```

图 2-7　应用创建完成

## 2.4.2 运行Vue.js应用

如果是采用命令行方式初始化的应用，则可以进入“hello-world”应用目录，执行如下命令来运行应用。

```
npm run serve
```

此时，访问http://localhost:8080，则可以看到图2-8所示的应用界面。该界面就是我们所创建的“hello-world”应用的首页界面。

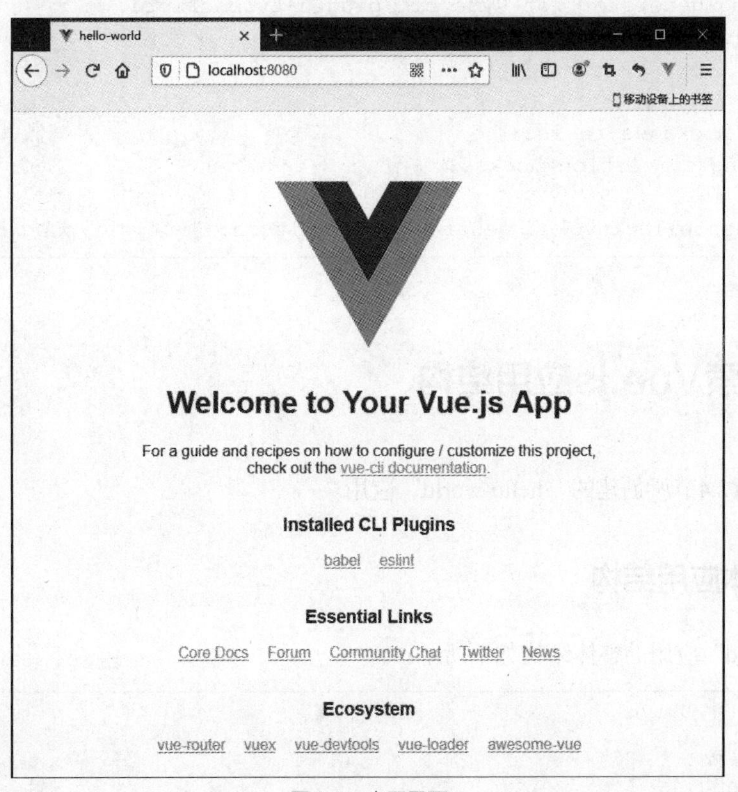


图 2-8　应用界面

### 2.4.3 增加对TypeScript的支持

为了让应用支持TypeScript的开发，需要在应用的根目录下执行如下命令：

```
vue add typescript
```

此时，在命令行会出现提示，根据提示选择“Y”即可。随后可以看到如下所示的输出内容：

```
> vue add typescript
 WARN  There are uncommitted changes in the current repository, it's recommended
to commit or stash them first.
? Still proceed? Yes

    Installing @vue/cli-plugin-typescript...


added 51 packages in 8s
✔  Successfully installed plugin: @vue/cli-plugin-typescript

? Use class-style component syntax? Yes
? Use Babel alongside TypeScript (required for modern mode, auto-detected
polyfills, transpiling JSX)? Yes
? Convert all .js files to .ts? Yes
? Allow .js files to be compiled? Yes
? Skip type checking of all declaration files (recommended for apps)? Yes

  Invoking generator for @vue/cli-plugin-typescript...
  Installing additional dependencies...


added 45 packages in 9s
⚓  Running completion hooks...

✔  Successfully invoked generator for plugin: @vue/cli-plugin-typescript
```

## 2.5 探索Vue.js应用结构

本节来探索2.4节所创建的“hello-world”应用。

### 2.5.1 整体应用结构

“hello-world”应用的整体结构如下所示：

```
hello-world
|   .gitignore
|   babel.config.js
```

```
|   package-lock.json
|   package.json
|   README.md
|
├  node_modules
├  public
|      favicon.ico
|      index.html
|
└─src
    |  App.vue
    |  main.js
    |
    ├  assets
    |      logo.png
    |
    └─components
           HelloWorld.vue
```

从上面的结果可以看出，应用主要包括以下4个部分：

- 应用根目录文件；
- node_modules目录；
- public目录；
- src目录。

接下来详细介绍这4个部分的含义。

## 2.5.2 应用根目录文件

应用根目录文件包含以下几个文件。

- .gitignore：用于配置哪些文件不受Git管理。
- babel.config.js：Babel中的配置文件。Babel是一款JavaScript编译器。
- package.json、package-lock.json：npm包管理器的配置文件。npm install读取package.json创建依赖项列表，并使用package-lock.json来通知要安装这些依赖项的哪个版本。如果某个依赖项在package.json中，但是不在package-lock.json中，执行npm install会将这个依赖项的确定版本更新到package-lock.json中，不会更新其他依赖项的版本。
- README.md：应用的说明文件。一般会详细说明应用作用、构建方法、求助方法等内容。

## 2.5.3 node_modules目录

node_modules目录是用来存放用包管理工具下载、安装的包的文件夹。

打开该目录，可以看到应用所依赖的包非常多，如图2-9所示。对于各个包的含义，这里不赘述。

| 名称 | 修改日期 | 类型 |
| --- | --- | --- |
| .bin | 2021/2/21 18:28 | 文件夹 |
| .cache | 2021/2/21 18:48 | 文件夹 |
| @babel | 2021/2/21 18:27 | 文件夹 |
| @hapi | 2021/2/21 18:27 | 文件夹 |
| @intervolga | 2021/2/21 18:27 | 文件夹 |
| @mrmlnc | 2021/2/21 18:27 | 文件夹 |
| @nodelib | 2021/2/21 18:27 | 文件夹 |
| @soda | 2021/2/21 18:27 | 文件夹 |
| @types | 2021/2/21 18:27 | 文件夹 |
| @vue | 2021/2/21 18:28 | 文件夹 |
| @webassemblyjs | 2021/2/21 18:27 | 文件夹 |
| @xtuc | 2021/2/21 18:27 | 文件夹 |
| accepts | 2021/2/21 18:28 | 文件夹 |
| acorn | 2021/2/21 18:28 | 文件夹 |
| acorn-jsx | 2021/2/21 18:28 | 文件夹 |
| acorn-walk | 2021/2/21 18:28 | 文件夹 |
| address | 2021/2/21 18:28 | 文件夹 |
| aggregate-error | 2021/2/21 18:28 | 文件夹 |
| ajv | 2021/2/21 18:28 | 文件夹 |
| ajv-errors | 2021/2/21 18:28 | 文件夹 |
| ajv-keywords | 2021/2/21 18:28 | 文件夹 |
| alphanum-sort | 2021/2/21 18:28 | 文件夹 |
| ansi-colors | 2021/2/21 18:28 | 文件夹 |
| ansi-escapes | 2021/2/21 18:28 | 文件夹 |
| ansi-html | 2021/2/21 18:28 | 文件夹 |
| ansi-regex | 2021/2/21 18:28 | 文件夹 |
| ansi-styles | 2021/2/21 18:28 | 文件夹 |
| anymatch | 2021/2/21 18:28 | 文件夹 |
| any-promise | 2021/2/21 18:28 | 文件夹 |
| aproba | 2021/2/21 18:28 | 文件夹 |
| arch | 2021/2/21 18:28 | 文件夹 |
| argparse | 2021/2/21 18:28 | 文件夹 |
| array-flatten | 2021/2/21 18:28 | 文件夹 |
| array-union | 2021/2/21 18:28 | 文件夹 |
| array-uniq | 2021/2/21 18:28 | 文件夹 |
| array-unique | 2021/2/21 18:28 | 文件夹 |
| arr-diff | 2021/2/21 18:28 | 文件夹 |
| arr-flatten | 2021/2/21 18:28 | 文件夹 |
| arr-union | 2021/2/21 18:28 | 文件夹 |
| asn1 | 2021/2/21 18:28 | 文件夹 |
| asn1.js | 2021/2/21 18:28 | 文件夹 |
| assert | 2021/2/21 18:28 | 文件夹 |

图 2-9　node_modules 目录

## 2.5.4 public目录

public目录在下列情况中使用。

- 需要在构建输出中指定一个文件的名字。
- 有上千张图片，需要动态引用它们的路径。
- 有些库可能与webpack不兼容，将这些库放到public目录下，而后将其用一个独立的<script></script>标签引入。

图2-10所示为public目录下的文件。

| 名称 | 修改日期 | 类型 | 大小 |
|---|---|---|---|
| favicon.ico | 2021/2/21 18:28 | 图片文件 | 5 KB |
| index.html | 2021/2/21 18:28 | Microsoft Edge ... | 1 KB |

图 2-10　public 目录

## 2.5.5 src目录

src目录就是存放源码的目录。图2-11所示就是src目录下的文件。

| 名称 | 修改日期 | 类型 | 大小 |
|---|---|---|---|
| assets | 2021/2/21 18:28 | 文件夹 | |
| components | 2021/2/21 18:28 | 文件夹 | |
| App.vue | 2021/2/21 18:28 | VUE 文件 | 1 KB |
| main.js | 2021/2/21 18:28 | JavaScript 文件 | 1 KB |

图 2-11　src 目录

src目录下的文件解释如下。

- assets目录：用于放置静态文件，例如图片、JSON数据等。
- components目录：用于放置Vue公共组件。目前该目录下仅有一个HelloWorld.vue组件。
- App.vue：既是页面入口文件也是根组件（整个应用只有一个），可以引用其他Vue.js组件。
- main.js：程序入口文件，主要作用是初始化Vue实例并使用需要的插件。

**1．main.js**

先看一下main.js的源码：

```
import { createApp } from 'vue'
import App from './App.vue'

createApp(App).mount('#app')
```

上述代码比较简单，用于初始化Vue应用实例。应用实例来自App.vue组件。

**2．App.vue**

App.vue的源码如下：

```
<template>
  <img alt="Vue logo" src="./assets/logo.png">
  <HelloWorld msg="Welcome to Your Vue.js App"/>
</template>

<script>
import HelloWorld from './components/HelloWorld.vue'

export default {
  name: 'App',
  components: {
```

```
    HelloWorld
  }
}
</script>

<style>
#app {
  font-family: Avenir, Helvetica, Arial, sans-serif;
  -webkit-font-smoothing: antialiased;
  -moz-osx-font-smoothing: grayscale;
  text-align: center;
  color: #2c3e50;
  margin-top: 60px;
}
</style>
```

整体来看，源码主要分为3部分：<template>、<script>和<style>。我们可以将这3部分简单理解为一个网页的三大核心部分：HTML代码、JavaScript代码、CSS代码。

其中，<template>引入了一个子组件HelloWorld。HelloWorld.vue组件是通过<script>从“./components/HelloWorld.vue”文件引入的。

**3．HelloWorld.vue**

HelloWorld.vue子组件是整个应用的核心，源码如下：

```
<template>
  <div class="hello">
    <h1>{{ msg }}</h1>
    <p>
      For a guide and recipes on how to configure / customize this project,<br>
      check out the <a href="https://cli.vuejs.org" target="_blank" rel=
"noopener">vue-cli documentation</a>.
    </p>
    <h3>Installed CLI Plugins</h3>
    <ul>
      <li><a href="https://github.com/vuejs/vue-cli/tree/dev/packages/%40vue/
cli-plugin-babel" target="_blank" rel="noopener">babel</a></li>
      <li><a href="https://github.com/vuejs/vue-cli/tree/dev/packages/%40vue/
cli-plugin-eslint" target="_blank" rel="noopener">eslint</a></li>
    </ul>
    <h3>Essential Links</h3>
    <ul>
      <li><a href="https://vuejs.org" target="_blank" rel="noopener">Core
Docs</a></li>
      <li><a href="https://forum.vuejs.org" target="_blank" rel="noopener">
Forum</a></li>
      <li><a href="https://chat.vuejs.org" target="_blank" rel="noopener">
Community Chat</a></li>
      <li><a href="https://twitter.com/vuejs" target="_blank" rel="noopener">
Twitter</a></li>
      <li><a href="https://news.vuejs.org" target="_blank" rel="noopener">
News</a></li>
```

```
      </ul>
      <h3>Ecosystem</h3>
      <ul>
        <li><a href="https://router.vuejs.org" target="_blank" rel="noopener">
vue-router</a></li>
        <li><a href="https://vuex.vuejs.org" target="_blank" rel="noopener">
vuex</a></li>
        <li><a href="https://github.com/vuejs/vue-devtools#vue-devtools" target=
"_blank" rel="noopener">vue-devtools</a></li>
        <li><a href="https://vue-loader.vuejs.org" target="_blank" rel="noopener">
vue-loader</a></li>
        <li><a href="https://github.com/vuejs/awesome-vue" target="_blank"
rel="noopener">awesome-vue</a></li>
      </ul>
    </div>
  </template>

  <script>
  export default {
    name: 'HelloWorld',
    props: {
      msg: String
    }
  }
  </script>

  <!-- Add "scoped" attribute to limit CSS to this component only -->
  <style scoped>
  h3 {
    margin: 40px 0 0;
  }
  ul {
    list-style-type: none;
    padding: 0;
  }
  li {
    display: inline-block;
    margin: 0 10px;
  }
  a {
    color: #42b983;
  }
  </style>
```

HelloWorld.vue子组件的结构与App.vue组件的结构是类似的，也主要分为3部分。

<script>导出了一个叫作“msg”的String类型的属性变量。而后该变量在<template>的<h1>{{ msg }}</h1>做了绑定。这样设置后，在界面渲染完成时，页面中{{ msg }}位置的内容将会被该属性变量的值所替换。

那么“msg”属性变量的值到底是什么呢？我们回到App.vue组件的源码：

```
<template>
  <img alt="Vue logo" src="./assets/logo.png">
  <HelloWorld msg="Welcome to Your Vue.js App"/>
</template>
```

可以看到HelloWorld.vue组件的msg属性值是“Welcome to Your Vue.js App”。这意味着子组件HelloWorld.vue可以接收父组件App.vue组件传递的值。

msg属性值在页面实际渲染的效果如图2-12所示。

Welcome to Your Vue.js App

图 2-12　实际渲染的效果

## 2.6 本章小结

本章介绍了Vue.js的基础概念、Vue CLI及如何创建第一个Vue.js应用，并通过探索“hello-world”应用，介绍了Vue.js应用的结构组成。

## 2.7 习题

1．请简述Vue.js与React、Angular的异同点。

2．安装Vue CLI，并使用Vue CLI创建一个Vue.js应用。

# 第3章 Vue.js应用实例

在Vue.js的世界里面，一切都是从Vue.js的应用实例开始的。在开始Vue.js编程时，首先就要创建应用实例。

## 3.1 创建应用实例

本节介绍如何创建应用实例。

### 3.1.1 第一个应用实例

所有Vue.js应用都是从用createApp这个全局API创建一个新的应用实例开始的。

如下代码中，常量app就是一个应用实例：

```
const app=Vue.createApp({ /* 选项 */ })
```

该应用实例是用来在应用中注册“全局”组件的，这一点将在后面的内容中详细讨论。

此外，也可以通过以下代码创建。

```
import { createApp } from 'vue'
createApp(/* 选项 */);
```

上述代码使用createApp接口返回一个应用实例。createApp接口是从vue模块导入的。

### 3.1.2 让应用实例执行方法

有了应用实例之后，就可以让应用实例去执行方法，从而实现应用的功能。我们可以通过以下方式让应用实例执行方法。

```
const app=Vue.createApp({})
app.component('SearchInput', SearchInputComponent) // 注册组件
app.directive('focus', FocusDirective) // 注册指令
```

```
app.use(LocalePlugin) // 使用插件
```

当然，也可以采用以下链式调用的方式，其效果跟上面方式的效果是一致的。

```
Vue.createApp({})
  .component('SearchInput', SearchInputComponent) // 注册组件
  .directive('focus', FocusDirective) // 注册指令
  .use(LocalePlugin) // 使用插件
```

链式调用是指在调用完一个方法之后，紧跟着调用下一个方法。因为应用实例的大多数方法都会返回同一实例，所以它是允许链式调用的。链式调用让代码看上去更加简洁。

## 3.1.3 理解选项对象

在上面的例子中，传递给createApp的选项用于配置根组件。我们可以通过在data中定义property来定义选项对象，示例如下：

```
const app=Vue.createApp({
  data() {
    return { count: 4 } // 定义选项对象
  }
})

const vm=app.mount('#app')
console.log(vm.count) // => 4
```

还有各种其他的组件选项都可以将用户定义的property添加到组件实例中，例如methods、props、computed、inject和setup。组件实例的所有property，无论如何定义，都可以在组件的模板中访问。

Vue.js还通过组件实例暴露了一些内置property，如attrs和emit。这些property都有一个“$”前缀，以避免与用户定义的property产生冲突。

## 3.1.4 理解根组件

当应用实例被挂载时，根组件被用作渲染的起点。一个应用实例需要被挂载到一个DOM元素中才能被正常渲染。例如，如果想把一个Vue.js应用挂载到<div id="app"></div>，则可以按如下方式传递#app。

```
const RootComponent={ /* 选项 */ }
const app=Vue.createApp(RootComponent)
const vm=app.mount('#app') // 应用实例被挂载到DOM元素app中
```

与大多数应用方法不同的是，mount并不返回应用本身。相反，它返回的是根组件实例。

尽管本书的大多数示例都只需要单一的组件，但是大多数的真实应用都被组织成一个嵌套的、可重用的组件树。

举例来说，一个Todo应用组件树可能是以下这样的：

```
RootComponent
└─ TodoList
   ├─ TodoItem
   │  ├─ DeleteTodoButton
   │  └─ EditTodoButton
   └─ TodoListFooter
      ├─ ClearTodosButton
      └─ TodoListStatistics
```

对于组件树而言，组件有上下层级关系。不管在哪个层级上，每个组件有自己的组件实例vm。这个应用中的所有组件实例都将共享同一个应用实例。

在第4章会具体讲解组件。现在，读者只需要明白根组件与其他组件没什么不同，配置选项是一样的，所对应的组件实例的行为也是一样的。

### 3.1.5 理解MVVM模型

MVVM（Model-View-ViewModel）本质上是MVC的改进。MVVM将MVC中的View的状态和行为抽象化，让应用的视图UI与业务逻辑得以分开。当然关于这些事，ViewModel已经帮我们做了，它可以在取出Model的数据的同时帮助处理View中由于需要展示内容而涉及的业务逻辑。

> **提示**
>
> MVVM最早由微软公司提出，它借鉴了桌面应用的MVC思想，把Model和View关联起来就可以得到ViewModel。ViewModel负责把Model的数据同步到View显示出来，还负责把View的修改同步回Model。

在MVVM的架构下，View层和Model层并没有直接联系，而是通过ViewModel层进行交互。ViewModel层通过双向数据绑定将View层和Model层连接起来，使得View层和Model层的同步工作完全是自动的。因此开发人员只需关注业务逻辑，无须手动操作DOM，复杂的数据状态维护交给MVVM统一处理。

Vue.js提供了对MVVM的支持。Vue.js的实现方式是对数据（Model）进行“劫持”，当数据变动时，数据会触发“劫持”时绑定的方法，对视图（View）进行更新。图3-1展示了Vue.js中MVVM的实现原理。

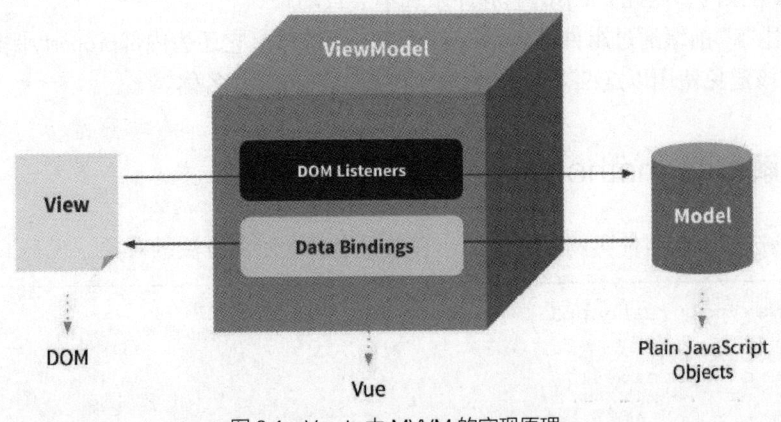


图 3-1　Vue.js 中 MVVM 的实现原理

# 3.2 data的property与methods

本节介绍data的property与methods。

## 3.2.1 理解data property

组件的data选项是一个函数。Vue.js在创建新组件实例的过程中调用此函数。它会返回一个对象，然后Vue.js会通过响应性系统将其包裹起来，并以$data的形式存储在组件实例中。为方便起见，该对象的任何顶级property也直接通过组件实例暴露出来。观察下面的例子：

```
const app=Vue.createApp({
  data() {
    return { count: 4 }
  }
})

const vm=app.mount('#app')

console.log(vm.$data.count) // => 4
console.log(vm.count)        // => 4

// 修改vm.count的值也会更新$data.count
vm.count=5
console.log(vm.$data.count) // => 5

// 修改$data.count的值也会更新vm.count
vm.$data.count=6
console.log(vm.count) // => 6
```

这些property仅在实例首次创建时被添加，所以需要确保它们都在data函数返回的对象中。必要时，要对尚未提供所需值的property赋予null、undefined或其他占位值。

直接将不包含在data中的新property添加到组件实例也是可行的。但由于该property不在背后的响应式$data对象内，因此Vue.js的响应性系统不会自动跟踪。

Vue.js使用“$”前缀通过组件实例暴露自己的内置接口，它还为内部property保留“_”前缀。但开发人员应该避免使用以这两个字符开头的顶级data property名称。

## 3.2.2 理解data methods

用methods选项来向组件实例添加方法，它是一个包含所需方法的对象。观察下面的例子：

```
const app=Vue.createApp({
  data() {
    return { count: 4 }
  },
  methods: {
    increment() {
```

```
      // this指向当前组件实例
      this.count++
    }
  }
})

const vm=app.mount('#app')
console.log(vm.count) // => 4
vm.increment()
console.log(vm.count) // => 5
```

Vue.js自动为methods绑定this，以便它始终指向当前组件实例。这样将确保方法在用于事件监听或回调时保持正确的this指向。在定义methods时应避免使用箭头函数（=>），否则会阻止Vue.js保持恰当的this指向。

这些methods和组件实例的其他所有property一样可以在组件的模板中被访问。在模板中，它们通常被用于事件监听，例如以下示例：

```
<button @click="increment">Up vote</button>
```

在上面的例子中，单击“Up vote”按钮时，会调用increment方法。

此外，也可以直接从模板中调用方法。我们可以在模板中支持JavaScript表达式的任何地方调用方法，例如以下示例：

```
<span :title="toTitleDate(date)">
  {{ formatDate(date) }}
</span>
```

如果用toTitleDate()或formatDate()访问任何响应式数据，则将二者作为渲染依赖项进行跟踪，就像直接在模板中使用过这两个方法一样。

从模板中调用的方法不应该有任何副作用，例如更改数据或触发异步进程等。如果你想这么做，则应该调用生命周期钩子。

# 3.3 生命周期

每个组件在被创建时都要经过一系列的初始化过程，例如设置数据监听、编译模板、将组件挂载到DOM并在数据变化时更新DOM等，这些过程组成了组件的生命周期。

## 3.3.1 什么是生命周期钩子

组件在经历生命周期的同时，会运行一些叫作生命周期钩子的函数，这样便给了用户在不同阶段添加自己的代码的机会。

例如，created钩子可以用来在一个组件被创建之后执行代码。示例如下：

```
Vue.createApp({
```

```
  data() {
    return { count: 1}
  },
  created() {
    // this指向vm组件
    console.log('count is: ' + this.count) // => "count is: 1"
  }
})
```

也有一些其他的钩子，它们在组件生命周期的不同阶段被调用，如mounted、updated和unmounted。生命周期钩子的this指向调用它的当前活动组件。

**注意**

不要在选项property或回调上使用箭头函数，例如：

```
created: ()=>console.log(this.a)
```

或

```
vm.$watch('a', newValue=>this.myMethod())
```

因为箭头函数并没有this，this会作为变量一直向上级词法作用域查找组件，直至找到为止，所以经常导致“Uncaught TypeError: Cannot read property of undefined”“Uncaught TypeError: this.myMethod is not a function”之类的错误。

## 3.3.2 生命周期图示

图3-2展示了Vue.js组件的生命周期。

Vue.js的生命周期接口定义在ClassComponentHooks中，每个Vue组件都会实现该接口。ClassComponentHooks源码如下：

```
export declare interface ClassComponentHooks {
    data?(): object;
    beforeCreate?(): void;
    created?(): void;
    beforeMount?(): void;
    mounted?(): void;
    beforeUnmount?(): void;
    unmounted?(): void;
    beforeUpdate?(): void;
    updated?(): void;
    activated?(): void;
    deactivated?(): void;
    render?(): VNode | void;
    errorCaptured?(err: Error, vm: Vue, info: string): boolean | undefined;
    serverPrefetch?(): Promise<unknown>;
}
```

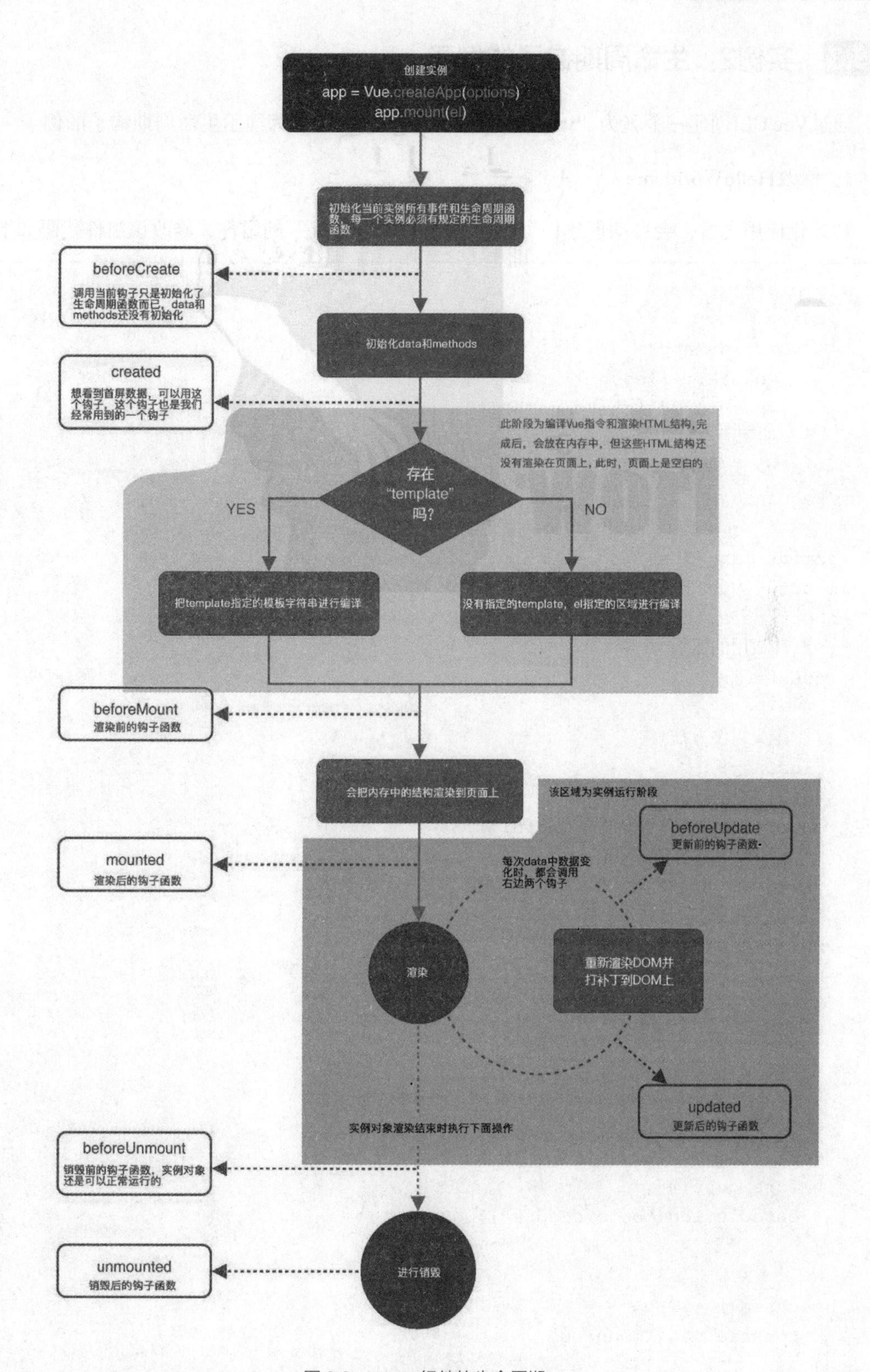


图 3-2 Vue.js 组件的生命周期

关于生命周期，开发人员并不需要强行记忆或者理解其中所有的部分。伴随着后面的不断学习和使用，开发人员对生命周期的理解会愈加深刻。

## 3.3.3 实例2：生命周期钩子的例子

通过Vue CLI创建一个名为“vue-lifecycle”的Vue.js应用作为演示生命周期钩子的例子。

### 1. 修改HelloWorld.vue

初始化应用之后，会自动创建一个名为“HelloWorld.vue”的组件，修改该组件代码如下：

```
<template>
  <div>
    <div id="app">
      Counter: {{count}}
      <button @click="plusOne()">+</button>
    </div>
  </div>
</template>

<script lang="ts">
import { Vue } from "vue-class-component";
export default class HelloWorld extends Vue {
  // 计数用的变量
  count=0;

  // 定义组件方法
  plusOne() {
    this.count++;
    console.log("Hello World!");
  }

  // 定义生命周期钩子
  beforeCreate() {
    console.log("beforeCreate");
  }

  created() {
    console.log("created");
  }

  beforeMount() {
    console.log("beforeMount");
  }

  mounted() {
    console.log("mounted");
  }

  beforeUpdate() {
    console.log("beforeUpdate");
```

```
  }

  updated() {
    console.log("updated");
  }
  beforeUnmount() {
    console.log("beforeUnmount");
  }

  unmounted() {
    console.log("unmounted");
  }
  activated() {
    console.log("activated");
  }

  deactivated() {
    console.log("deactivated");
  }

}
</script>

<style>
</style>
```

针对上述TypeScript代码而言，需要注意以下几点。

- HelloWorld类继承自Vue类，以标识HelloWorld类是一个Vue组件。
- HelloWorld类内部定义了计数用的变量count。
- HelloWorld类内部定义了方法plusOne()，该方法每次都会将count进行递增。
- HelloWorld类内部定义了生命周期钩子，每个函数在执行时都会输出日志。

针对上述<template>模板而言，需要注意以下几点。

- {{count}}用于绑定HelloWorld类的变量count。
- <button>表示一个按钮，该按钮通过@click="plusOne()"设置了单击事件。当单击该按钮时，会触发HelloWorld类的plusOne。

针对上述<style>样式而言，为了实例简洁，省去了所有的样式，所以<style></style>中间是空的。

**2．修改App.vue**

App.vue大体逻辑不变，只保留与本实例相关的代码，最终的App.vue代码如下：

```
<template>
  <HelloWorld/>
</template>

<script lang="ts">
```

```
import { Options, Vue } from 'vue-class-component';
import HelloWorld from './components/HelloWorld.vue';

@Options({
  components: {
    HelloWorld,
  },
})
export default class App extends Vue {}
</script>

<style>
</style>
```

针对上述TypeScript代码而言，只是简单地将HelloWorld.vue导入为App.vue的一个子组件。

针对上述<template>模板而言，将HelloWorld.vue组件模板嵌入App.vue组件的模板。

针对上述<style>样式而言，为了实例简洁，省去了所有的样式，所以<style></style>中间是空的。

**3．运行**

首次运行应用效果如图3-3所示。

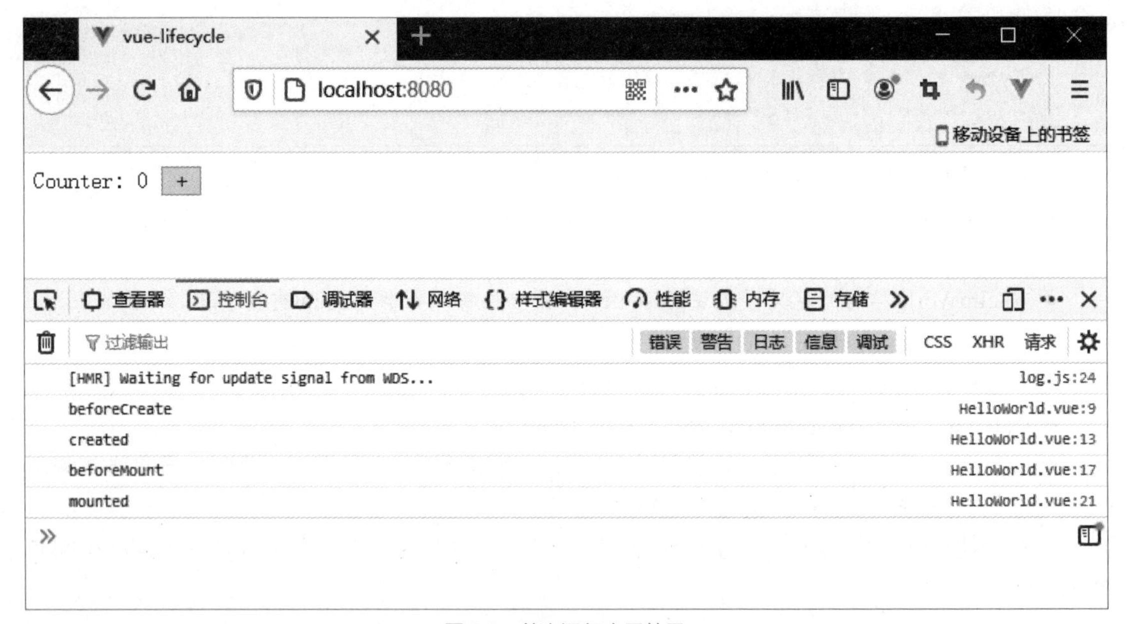


图 3-3　首次运行应用效果

从控制台的日志可以看出，组件在初始化时，经历了beforeCreate、created、beforeMount、mounted这4个生命周期阶段。

当单击按钮触发单击事件时，应用效果如图3-4所示。从控制台的日志可以看出，按钮被单击后，触发了plusOne()方法的执行，同时将变量count进行了递增，并输出“Hello World!”。同时，我们也看到组件经历了beforeUpdate和updated生命周期阶段，最终将最新的count结果（从0变为了1）更新到了界面上。

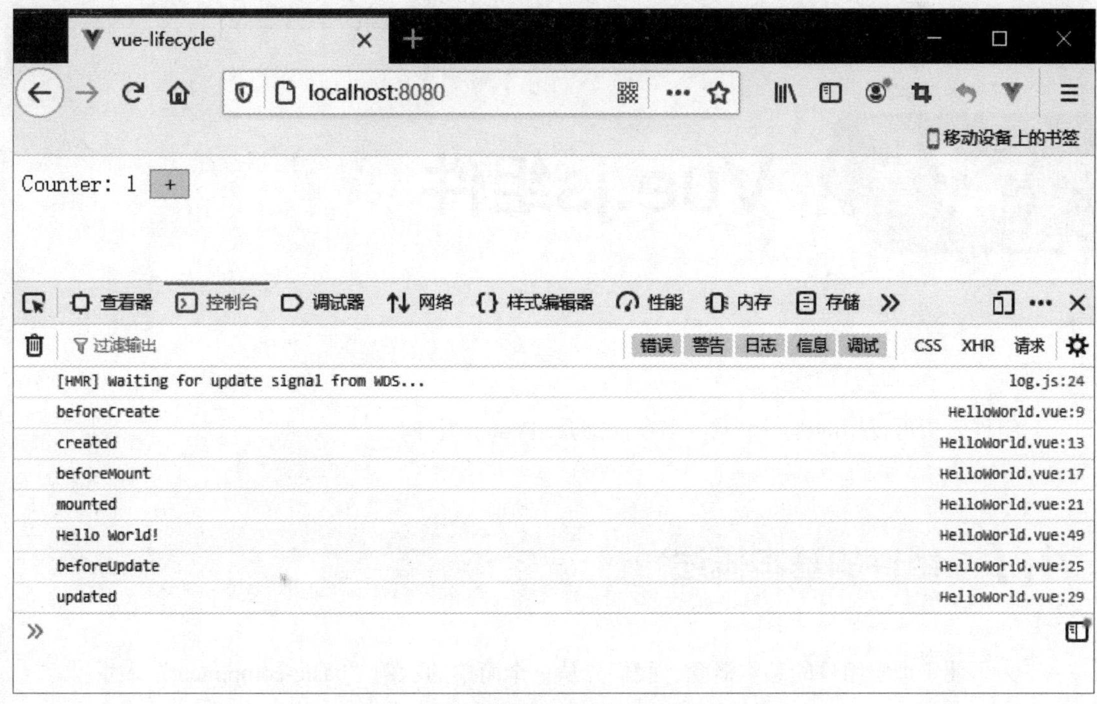


图 3-4　单击按钮触发单击事件时应用效果

## 3.4 本章小结

本章介绍了Vue.js的应用实例、data的property与methods等核心概念，还介绍了Vue.js的应用组件的生命周期。

## 3.5 习题

1．请简述Vue.js应用实例的创建过程。

2．请简述data的property与methods的作用。

3．请简述Vue.js的应用组件的生命周期。

# 第4章 Vue.js组件

组件是指可复用的程序单元。本章详细介绍Vue.js组件。

## 4.1 组件的基本概述

为了便于理解组件的基本概念，我们先从一个简单的示例“basic-component”入手。

### 4.1.1 实例3：一个Vue.js组件的例子

以下是一个基础的Vue.js组件示例“basic-component”。其中main.ts的代码如下：

```
import { createApp } from 'vue'
import App from './App.vue'
createApp(App).mount('#app') // 应用实例被挂载到DOM元素app中
```

main.ts是整个Vue.js应用的主入口。从上述代码可以知道，应用实例最终会被挂载到DOM元素app中，这个app元素最终会被渲染为主页面。

createApp(App)用于创建应用实例，而参数App作为选项，是从App.vue文件中导入的。用于创建应用实例的App.vue组件也被称为根组件。

根组件在整个Vue.js应用中有且只有一个。根组件App.vue的代码如下：

```
<template>
  <HelloWorld msg="basic component"/>
</template>

<script lang="ts">
import { Options, Vue } from 'vue-class-component';
import HelloWorld from './components/HelloWorld.vue';

@Options({
  components: {
```

```
    HelloWorld,
  },
})
export default class App extends Vue {}
</script>
```

组件可以由其他组件组成。例如，上述组件App.vue还可以由组件HelloWorld.vue组成。以下是子组件HelloWorld.vue的代码。

```
<template>
  <div class="hello">
    <h1>{{ msg }}</h1>
  </div>
</template>

<script lang="ts">
import { Options, Vue } from 'vue-class-component';

@Options({
  props: {
    msg: String
  }
})
export default class HelloWorld extends Vue {
  msg!: string       //声明了string类型
}
</script>
```

运行应用，可以看到界面效果如图4-1所示。

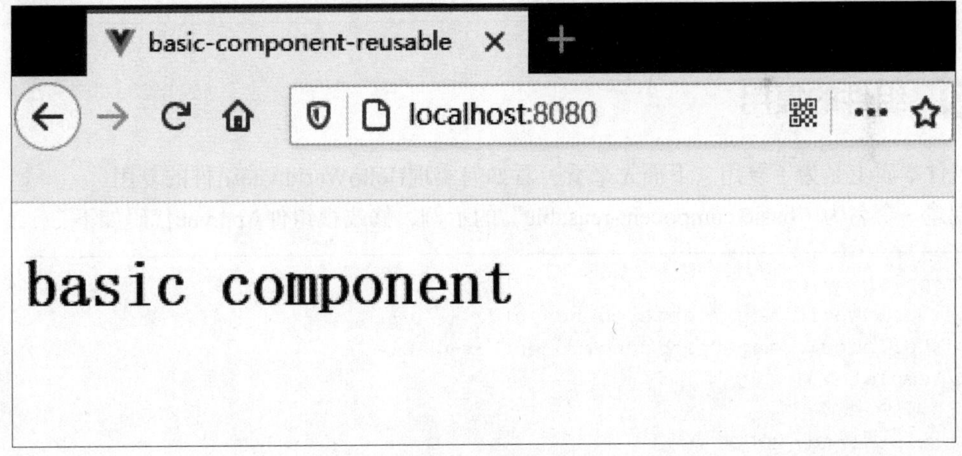


图 4-1　界面效果

## 4.1.2 什么是组件

组件是Vue.js中的一个重要概念。它是一个抽象系统，可以将小型、自包含且通常可重用的组件组成一个大规模的应用。

几乎任何类型的API都可以抽象成图4-2所示的组件树。

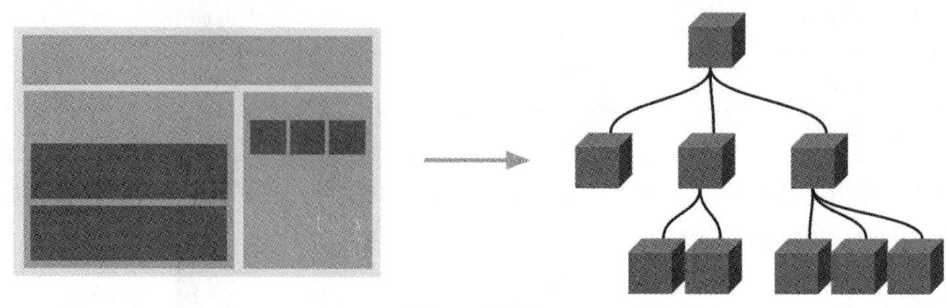

图 4-2 组件树

在“basic-component”示例中，App.vue在组件树中是根节点，而HelloWorld.vue是App.vue的子节点。

在Vue.js中，组件本质上是一个带有预定义选项的实例。在Vue.js中注册组件很简单：创建一个组件对象，并在其父组件的选项中定义它即可。代码如下：

```
@Options({
  components: {
    HelloWorld,
  },
})
```

这样就可以把它组合到另一个组件的模板中了，代码如下：

```
<template>
  <HelloWorld msg="basic component"/>
</template>
```

## 4.1.3 组件的复用

组件本质上是为了复用。下面先来看一看如何实现HelloWorld.vue组件的复用。

创建一个名为“basic-component-reusable”的示例，修改根组件App.vue代码如下：

```
<template>
  <HelloWorld msg="basic component"/>
  <HelloWorld msg="basic component reusable"/>
</template>

<script lang="ts">
import { Options, Vue } from 'vue-class-component';
import HelloWorld from './components/HelloWorld.vue';

@Options({
  components: {
    HelloWorld,
  },
})
export default class App extends Vue {}
</script>
```

在上述示例的<template></template>标签中，引用了两次<HelloWorld>，这意味着HelloWorld.vue组件被实例化了两次，每次的msg内容都不同。这就体现了组件的复用。

运行应用，可以看到界面效果如图4-3所示。

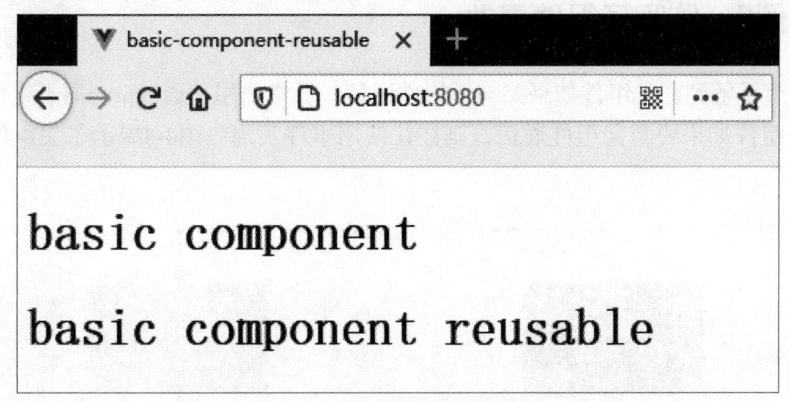


图 4-3 组件复用后的界面效果

### 4.1.4 Vue.js组件与Web组件的异同点

读者可能已经注意到，Vue.js组件与Web组件的自定义元素（Custom Elements）非常相似。自定义元素是Web组件规范的一部分，而Vue.js组件是松散地按照该规范构建的。但是，Vue.js组件与Web组件之间也存在着以下一些关键的区别。

- Web组件规范虽然已最终确定，但并非每款浏览器都原生支持Web组件。Safari 10.1+、Chrome 54+和Firefox 63+等少数浏览器是原生支持Web组件的。相比之下，Vue.js组件几乎能在所有的浏览器中一致工作。当需要时，Vue.js组件还能包装在原生自定义元素中。
- Vue.js组件提供了普通Web组件的自定义元素无法提供的重要功能。最明显的是，跨组件数据流、自定义事件通信和构建工具集成。

## 4.2 组件交互方式

组件之间可以进行交互，相互协作完成特定的功能。

需要注意的是，不是所有组件都能直接进行交互。要想让组件之间能够进行交互，我们还要区分场景。本节主要通过4个实例来演示组件之间不同的交互方式。

### 4.2.1 实例4：通过prop向子组件传递数据

回忆4.1.3小节的“basic-component-reusable”示例，在该示例的<template></template>标签中，HelloWorld.vue组件被实例化了两次。msg是HelloWorld.vue组件的属性。我们可以通过App.vue组件，向HelloWorld.vue组件传递不同的msg属性值。

再回忆4.1.1小节msg在HelloWorld.vue组件中的定义。在该代码中，@Options注解所定义的“props”用于定义HelloWorld.vue组件的输入属性（入参）。这种方式就是“通过prop向子组件传递数据”。msg在HelloWorld.vue组件中被定义为string类型，msg后的“!”是TypeScript的语法，表示强制解析（也就是告诉TypeScript编译器，msg一定有值）。

## 4.2.2 实例5：监听子组件事件

从4.2.1小节了解到，父组件如果要与子组件通信，通常采用“通过prop向子组件传递数据”的方式。而子组件如果要与父组件通信，则往往使用事件实现。图4-4展示了父组件与子组件通信的示意。

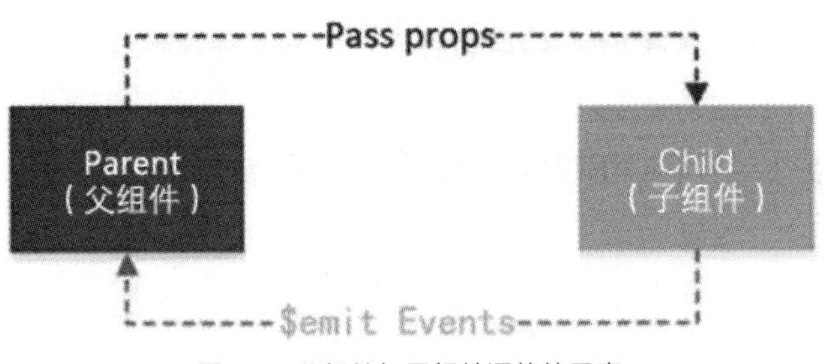


图 4-4　父组件与子组件通信的示意

我们可以使用v-on（通常缩写为@符号）指令来监听DOM事件，并在触发事件时执行一些JavaScript操作，代码如下：

```
v-on:click="methodName"
```

或

```
@click="methodName"
```

事件也常作为组件之间的通信机制。例如，子组件如果想主动与父组件通信，也可以使用emit来向父组件发送事件。当然，有关事件的内容在第8章会详细讲解，这里只演示基本的事件用法。

每个emit都会发送事件，因此需要先由父组件给子组件绑定事件，子组件才知道应该怎么去调用。

下面新建一个“listen-for-child-component-event”应用，用于演示父组件如何监听子组件事件。

HelloWorld.vue是子组件，代码如下：

```
<template>
  <div class="hello">
    <h1>{{ msg }}</h1>
    <button v-on:click="plusOne">+</button>
  </div>
</template>

<script lang="ts">
import { Options, Vue } from "vue-class-component";

@Options({
```

```
  props: {
    msg: String,
  },
})
export default class HelloWorld extends Vue {
  msg!: string;

  // 定义一个组件方法
  plusOne() {
    console.log("emit event");

    // 发送自定义的事件
    this.$emit("plusOneEvent");
  }
}
</script>
```

上述代码说明如下。

- 在<template></template>标签中定义了一个按钮，并通过v-on绑定了一个单击事件。当按钮被单击时，会触发plusOne()方法的执行。
- plusOne()方法比较简单，只通过$emit发送了一个自定义的事件“plusOneEvent”。

那么如何在父组件中监听“plusOneEvent”事件呢？父组件App.vue代码如下：

```
<template>
  <HelloWorld
    msg="listen-for-child-component-event"
    @plusOneEvent="handlePlusOneEvent"
  />
  <div id="counter">Counter: {{ counter }}</div>
</template>

<script lang="ts">
import { Options, Vue } from "vue-class-component";
import HelloWorld from "./components/HelloWorld.vue";

@Options({
  components: {
    HelloWorld,
  },
})
export default class App extends Vue {
  private counter: number=0;

  handlePlusOneEvent() {
    console.log("handlePlusOneEvent");

    // 计数器递增
    this.counter++;
  }
}
</script>
```

上述代码说明如下。

- 在<template></template>标签中引入了HelloWorld.vue组件，同时通过@（等同于v-on）绑定了一个自定义事件“plusOneEvent”。
- 当App.vue组件监听到“plusOneEvent”事件时，就会触发handlePlusOneEvent()方法。handlePlusOneEvent()方法会执行计数器counter的递增代码。

图4-5展示的是未单击递增按钮前的界面显示效果。

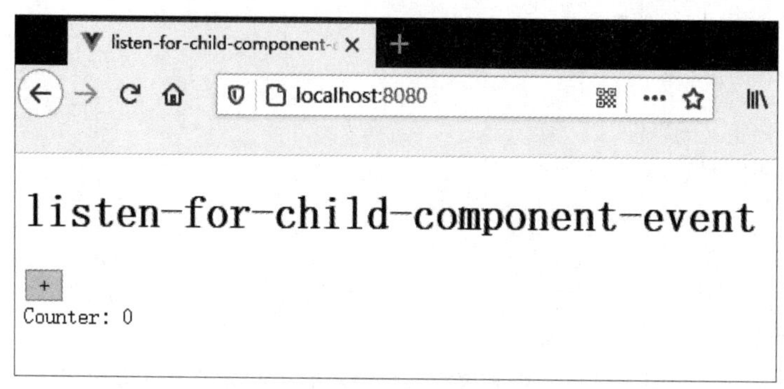


图 4-5　未单击递增按钮前的界面效果

当单击了递增按钮之后，界面效果如图4-6所示。

图 4-6　单击递增按钮后的界面效果

## 4.2.3　实例6：兄弟组件之间的通信

那么Vue.js兄弟组件之间是如何通信的呢？

Vue.js并没有提供Vue.js兄弟组件之间通信的方式，但读者可以借助于4.2.1小节和4.2.2小节所介绍的prop和事件间接实现。

下面创建一个名为“event-communication”的应用，用于演示兄弟组件之间的通信功能。其中App.vue为应用的根组件，CounterClick.vue和CounterShow.vue为应用的子组件。

### 1．CounterClick.vue发送事件

CounterClick.vue组件用于接收和发送界面按钮单击事件。代码如下：

```
<template>
  <div class="hello">
```

```
    <button v-on:click="plusOne">递增</button>
  </div>
</template>

<script lang="ts">
import { Options, Vue } from "vue-class-component";

@Options({
  emits: ["plusOneEvent"],
})
export default class CounterClick extends Vue {
  // 定义一个组件方法
  plusOne() {
    console.log("emit event");

    // 发送自定义的事件
    this.$emit("plusOneEvent");
  }
}
</script>
```

上述代码中，自定义了一个名为“plusOneEvent”的事件。当单击“递增”按钮时，会触发plusOne()方法，从而通过“this.$emit”来发送事件。

这里需要注意的是，自定义的事件需要在@Options的emits中进行声明。

**2．CounterShow.vue显示计数**

CounterShow.vue用于显示计数器递增的结果。代码如下：

```
<template>
  <div class="hello">
    <h1>{{ count }}</h1>
  </div>
</template>

<script lang="ts">
import { Options, Vue } from "vue-class-component";

@Options({
  props: {
    count: Number,
  },
})
export default class CounterShow extends Vue {
  count!: number;
}
</script>
```

上述代码比较简单，通过@Options的props声明count为输入参数。count用于在模板里面显示计数结果。

**3．App.vue整合CounterClick.vue和CounterShow.vue**

App.vue根组件整合CounterClick.vue和CounterShow.vue这两个子组件。代码如下：

```
<template>
  <CounterClick @plusOneEvent="handlePlusOneEvent" />
  <CounterShow :count="counter" />
</template>

<script lang="ts">
import { Options, Vue } from "vue-class-component";
import CounterShow from "./components/CounterShow.vue";
import CounterClick from "./components/CounterClick.vue";

@Options({
  components: {
    CounterShow,
    CounterClick,
  },
})
export default class App extends Vue {
  private counter: number=0;

  handlePlusOneEvent() {
    console.log("handlePlusOneEvent");

    // 计数结果递增
    this.counter++;
  }
}
</script>
```

上述代码说明如下。

- 通过@plusOneEvent来监听CounterClick所发出的plusOneEvent事件。监听到该事件后，会调用handlePlusOneEvent()方法进行处理。
- handlePlusOneEvent()方法用于将计算结果counter进行递增。
- 在CounterShow.vue组件中，通过:count的方式动态绑定了counter值。最终counter值被当作输入参数传进了CounterShow.vue组件。

**4．运行应用**

最后运行应用，单击“递增”按钮，计数器的值会递增。

## 4.2.4 实例7：通过插槽分发内容

Vue.js实现了一套用于内容分发的插槽（Slot）接口，这套接口的设计灵感源自Web组件规范草案，将<slot></slot>标签作为承载分发内容的出口。

下面创建一个名为“slot-to-serve-as-distribution-outlets-for-content”的应用，用于演示插槽的

功能。

以下是子组件HelloWorld.vue的代码，在<template></template>标签中添加了<slot></slot>，用于标识插槽的位置。

```
<template>
  <div class="hello">
    <h1>{{ msg }}</h1>
    <slot></slot>
  </div>
</template>
…
</script>
```

父组件App.vue想通过<slot></slot>标签分发内容时，只要在引入的HelloWorld.vue的<slot></slot>标签中设置想替换的内容即可。例如，以下代码想用“Hello”字符串替换掉<slot></slot>标签的内容。

```
<template>
  <HelloWorld msg="slot-to-serve-as-distribution-outlets-for-content">
    Hello
  </HelloWorld>
</template>

<script lang="ts">
import { Options, Vue } from "vue-class-component";
import HelloWorld from "./components/HelloWorld.vue";

@Options({
  components: {
    HelloWorld,
  },
})
export default class App extends Vue {
}
</script>
```

当然，插槽的功能远不止替换字符串这么简单。插槽还可以包含任何模板代码，包括HTML代码，例如以下示例：

```
<template>
  <!--字符串-->
  <HelloWorld msg="slot-to-serve-as-distribution-outlets-for-content">
    Hello
  </HelloWorld>

  <!--HTML代码-->
  <HelloWorld msg="slot-to-serve-as-distribution-outlets-for-content">
    <a href="https://waylau.com"> Welcome to waylau.com</a>
  </HelloWorld>

  <!--模板代码-->
```

```
    <HelloWorld msg="slot-to-serve-as-distribution-outlets-for-content">
      <div id="counter">Counter: {{ counter }}</div>
    </HelloWorld>
  </template>

  <script lang="ts">
  import { Options, Vue } from "vue-class-component";
  import HelloWorld from "./components/HelloWorld.vue";

  @Options({
    components: {
      HelloWorld,
    },
  })
  export default class App extends Vue {
    private counter: number=0;
  }
  </script>
```

# 4.3 让组件可以动态加载

有时，在组件之间进行动态切换是很有用的，例如通过打开界面中不同的选项卡来切换不同的子界面。

Vue.js提供的<component></component>标签与特殊的is属性可以实现组件的动态加载。

## 4.3.1 实现组件动态加载的步骤

要实现组件动态加载，需要先定义一个<component></component>标签，并在<component></component>标签中指定一个变量currentTabComponent，代码如下：

```
<!--当currentTabComponent变化时，组件也会变化-->
<component :is="currentTabComponent"></component>
```

在上面的示例中，currentTabComponent可以是已注册组件的名称，也可以是组件的选项对象。

## 4.3.2 实例8：动态组件的示例

为了演示动态组件的功能，下面创建一个“dynamic-component”应用。

分别创建两个子组件TemplateOne.vue和TemplateTwo.vue。这两个子组件的代码比较简单，用于记录各自生命周期函数调用的过程。

子组件TemplateOne.vue的代码如下：

```
<template>
  <div>
    <h1>TemplateOne</h1>
  </div>
</template>

<script lang="ts">
import { Vue } from "vue-class-component";

export default class TemplateOne extends Vue {
  // 定义生命周期钩子

  beforeCreate() {
    console.log("TemplateOne beforeCreate");
  }

  created() {
    console.log("TemplateOne created");
  }

  beforeMount() {
    console.log("TemplateOne beforeMount");
  }

  mounted() {
    console.log("TemplateOne mounted");
  }

  beforeUpdate() {
    console.log("TemplateOne beforeUpdate");
  }

  updated() {
    console.log("TemplateOne updated");
  }

  beforeUnmount() {
    console.log("TemplateOne beforeUnmount");
  }

  unmounted() {
    console.log("TemplateOne unmounted");
  }

  activated() {
    console.log("TemplateOne activated");
  }

  deactivated() {
    console.log("TemplateOne deactivated");
  }
```

```
}
</script>
```

子组件TemplateTwo.vue的代码如下：

```
<template>
  <div>
    <h1>TemplateTwo</h1>
  </div>
</template>

<script lang="ts">
import { Vue } from "vue-class-component";

export default class TemplateTwo extends Vue {
  // 定义生命周期钩子

  beforeCreate() {
    console.log("TemplateTwo beforeCreate");
  }

  created() {
    console.log("TemplateTwo created");
  }

  beforeMount() {
    console.log("TemplateTwo beforeMount");
  }

  mounted() {
    console.log("TemplateTwo mounted");
  }

  beforeUpdate() {
    console.log("TemplateTwo beforeUpdate");
  }

  updated() {
    console.log("TemplateTwo updated");
  }

  beforeUnmount() {
    console.log("TemplateTwo beforeUnmount");
  }

  unmounted() {
    console.log("TemplateTwo unmounted");
  }

  activated() {
    console.log("TemplateTwo activated");
  }
```

```
  deactivated() {
    console.log("TemplateTwo deactivated");
  }
}
</script>
```

根组件App.vue的代码如下：

```
<template>
  <div>
    <button
      v-for="tab in tabs"
      :key="tab"
      :class="['tab-button', { active: currentTabComponent === tab }]"
      @click="currentTabComponent = tab"
    >
      {{ tab }}
    </button>

    <!-- 当currentTabComponent变化时，组件也会变化 -->
    <component :is="currentTabComponent"></component>
  </div>
</template>

<script lang="ts">
import { Options, Vue } from "vue-class-component";
import TemplateOne from "./components/TemplateOne.vue";
import TemplateTwo from "./components/TemplateTwo.vue";

@Options({
  components: {
    TemplateOne,
    TemplateTwo,
  },
})
export default class App extends Vue {
  private currentTabComponent: string="TemplateOne";
  private tabs: string[]=["TemplateOne", "TemplateTwo"];
}
</script>
```

上述代码说明如下。

- 根组件App.vue通过<component></component>标签来动态指定需要加载的组件。
- 模板中初始化了两个<button>标签（即按钮），当单击按钮时，会触发currentTabComponent的变化。
- currentTabComponent会引起<component></component>标签的变化。初始化时，currentTabComponent赋值为“TemplateOne”。

运行应用，可以看到界面和控制台效果如图4-7所示。初始化时，动态加载的是TemplateOne.vue组件。

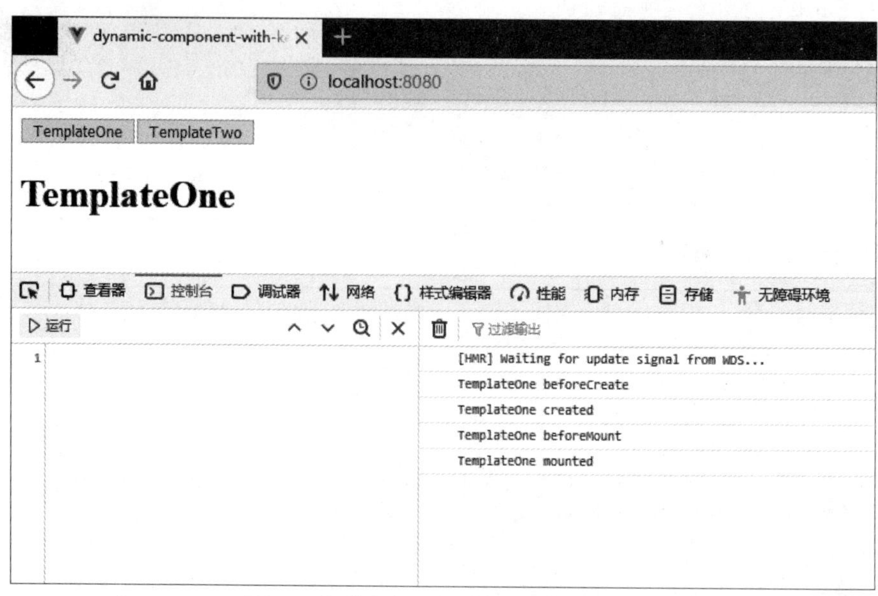


图 4-7　初始化应用时的界面和控制台效果

在控制台显示的日志中，详细记录了组件的初始化过程。

单击“TemplateTwo”按钮，则界面中呈现的是TemplateTwo.vue组件的内容，如图4-8所示。

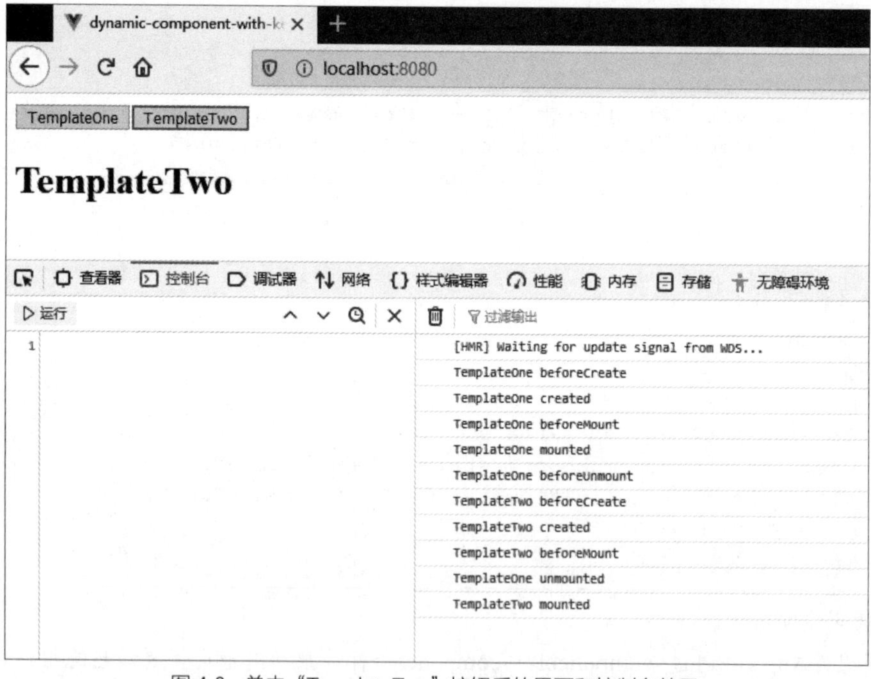


图 4-8　单击“TemplateTwo”按钮后的界面和控制台效果

单击“TemplateOne”按钮，则界面又再次呈现TemplateOne.vue组件的内容，如图4-9所示。

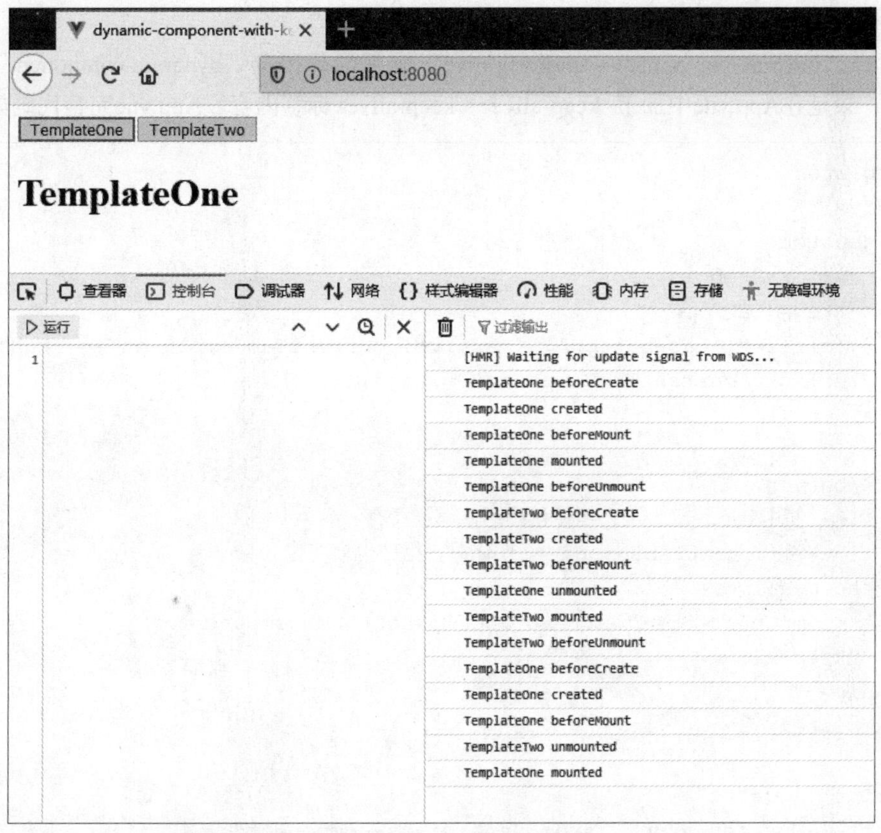

图 4-9　单击“TemplateOne”按钮后的界面和控制台效果

从上述日志中可以看出，每次动态加载组件时，组件都会重新初始化。

# 4.4 使用缓存组件的<keep-alive>

4.3节演示了如何使用is属性在选项卡式界面中实现组件间的切换。

每次切换组件时，组件都会重新初始化、渲染，这样对应用性能有影响，所以我们希望这些选项卡组件实例在首次创建后能够被缓存。想要解决这个问题，我们可以用<keep-alive></keep-alive>来包装这些组件，示例如下：

```
<!-- 使用keep-alive，组件创建后能够被缓存-->
<keep-alive>
    <component :is="currentTabComponent"></component>
</keep-alive>
```

## 4.4.1 实例9：<keep-alive>的示例

在4.3节“dynamic-component”应用的基础上，创建一个“dynamic-component-with-keep-alive”

应用作为<keep-alive>的演示示例。

创建的“dynamic-component-with-keep-alive”应用的代码与“dynamic-component”应用的代码类似，只是在App.vue中加了<keep-alive></keep-alive>标签内容。App.vue完整代码如下：

```
<template>
  <div>
    <button
      v-for="tab in tabs"
      :key="tab"
      :class="['tab-button', { active: currentTabComponent === tab }]"
      @click="currentTabComponent = tab"
    >
      {{ tab }}
    </button>
    <!-- 使用keep-alive，组件创建后能够被缓存-->
    <!-- 当currentTabComponent变化时，组件也会变化 -->
    <keep-alive>
      <component :is="currentTabComponent"></component>
    </keep-alive>
  </div>
</template>

<script lang="ts">
import { Options, Vue } from "vue-class-component";
import TemplateOne from "./components/TemplateOne.vue";
import TemplateTwo from "./components/TemplateTwo.vue";

@Options({
  components: {
    TemplateOne,
    TemplateTwo,
  },
})
export default class App extends Vue {
  private currentTabComponent: string="TemplateOne";
  private tabs: string[]=["TemplateOne", "TemplateTwo"];
}
</script>
```

在增加<keep-alive></keep-alive>标签后运行应用，来回单击“TemplateOne”按钮和“TemplateTwo”按钮，TemplateOne.vue和TemplateTwo.vue组件分别只初始化了一次，之后就只有activated和deactivated生命周期钩子的调用了，如图4-10所示。

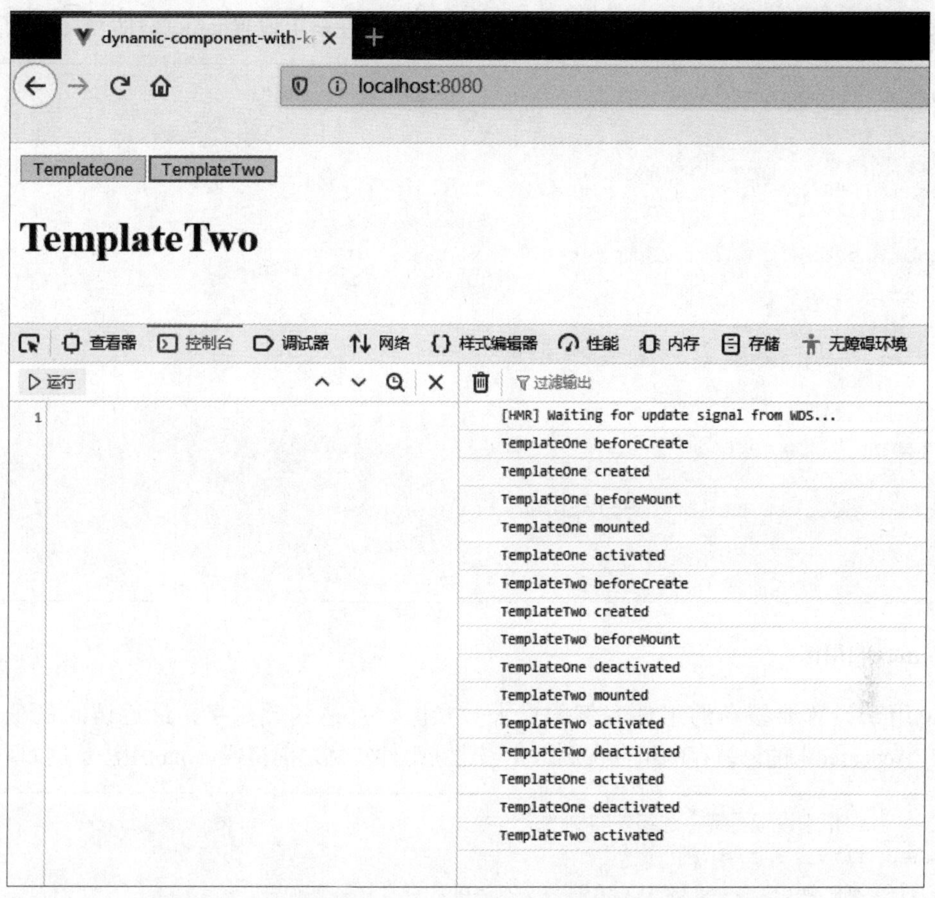


图 4-10　使用 <keep-alive></keep-alive> 之后的界面和控制台效果

## 4.4.2 <keep-alive>配置详解

默认情况下，<keep-alive>会缓存所有的组件。如果需要进行个性化的设置，则可以设置以下几个可选的属性。

- include: string | RegExp | Array：只有具有匹配名称的组件才会被缓存。
- exclude: string | RegExp | Array：任何具有匹配名称的组件都不会被缓存。
- max: number | string：要缓存的组件实例的最大数量。

**1．include和exclude的用法**

include和exclude分别用于指定哪些组件需要被缓存和不需要被缓存。以include为例，示例如下：

```
<!-- 使用keep-alive，组件创建后能够被缓存 -->
<keep-alive include="TemplateOne,TemplateTwo">
    <component :is="currentTabComponent"></component>
</keep-alive>
```

上面的配置用于指定名称为“TemplateOne”和“TemplateTwo”的组件才能被缓存。需要注意的是，组件上需要指定name属性才会生效。在@Options注解上设置name属性，示例如下：

```
import { Options, Vue } from "vue-class-component";

@Options({
  name: "TemplateOne",
})
export default class TemplateOne extends Vue {
    ...
}
import { Options, Vue } from "vue-class-component";

@Options({
  name: "TemplateTwo",
})
export default class TemplateTwo extends Vue {
    ...
}
```

**2．max的用法**

max用于设置要缓存的组件实例的最大数量。一旦达到此数字，最近访问最少（Least Recently Accessed）的已缓存的组件实例将在创建新组件实例之前销毁。max用法示例如下：

```
<!-- max用于设置要缓存的组件实例的最大数量 -->
<keep-alive :max="10">
    <component :is="currentTabComponent"></component>
</keep-alive>
```

## 4.5 本章小结

本章介绍了Vue.js组件的基本概念和基础用法，包括组件之间的交互方式、组件的动态加载、组件的缓存等。

## 4.6 习题

1．请简述组件的基本概念和基础用法。
2．请简述组件之间的交互方式有哪些。
3．请简述如何实现组件的动态加载。
4．请简述如何实现组件的缓存。

# 第5章 Vue.js模板

在Web开发中，模板必不可少，它是开发动态网页的基石。很多编程语言都提供了模板引擎，例如在Java领域，有JSP、FreeMarker、Velocity、Thymeleaf等。简单来说，将动态网页中静态的内容定义为模板标签，将动态的内容定义为模板中的变量，这样就实现了模板不变，而模板渲染结果的内容会随着模板中变量的变化而变化。

## 5.1 模板概述

Vue.js也有自己的模板，其通过<template></template>标签来声明模板。在Vue.js中，使用的是基于HTML的模板语法。Vue.js允许以声明方式将渲染的DOM绑定到组件实例的数据上。由于所有的Vue.js模板都是有效的HTML代码，因此我们可以用主流浏览器和HTML解析器来解析Vue.js模板。

以下就是一个在“hello-world”应用中出现过的模板。

```
<h1>{{ msg }}</h1>
```

当对模板进行渲染时，上述标签中的{{ msg }}的内容被替代为对应组件实例中msg变量的实际值“Welcome to Your Vue.js App”。以下是最终模板被渲染成的HTML内容。

```
<h1> Welcome to Your Vue.js App</h1>
```

在底层的实现上，Vue.js 将模板编译成虚拟 DOM 渲染函数。结合响应性系统，Vue.js能够智能地计算出最少需要重新渲染多少组件，并把 DOM 操作次数减到最少。

提示

如果你熟悉虚拟DOM，并且更喜欢使用 JavaScript 的原始功能，则可以不用模板，直接写渲染函数（Render Function），使用可选的 JSX 语法。当然，这不是本章的重点。

## 5.2 实例10：插值

插值是模板最为基础的功能。插值是指把计算后的变量值插入指定位置的HTML标签中。例如下面的例子：

```
<h1>{{ msg }}</h1>
```

上述例子就是把msg的变量值插入<h1></h1>标签（替换掉{{ msg }}）。

Vue.js提供了对文本、原生HTML代码、attribute、JavaScript表达式等的插值支持。

本节示例源码可以在“template-syntax-interpolation”应用中找到。

## 5.2.1 文本

数据绑定最常见的形式就是使用双花括号的文本插值（也称为“Mustache”语法）。还是以“hello-world”应用中出现过的模板为例：

```
<h1>{{ msg }}</h1>
```

上述标签将会被替代为对应组件实例中msg的值。无论何时，只要绑定的组件实例上 msg发生了改变，插值处的内容都会自动更新。例如，将msg赋值如下：

```
private msg:string="template-syntax-interpolation";
```

此时，界面显示效果如图5-1所示。

图 5-1　界面显示效果

当然，如果想限制插值处的内容不自动更新也是可以的，我们可以通过使用v-once指令来执行一次性插值，示例如下：

```
<h1 v-once>{{ msg }}</h1>
```

## 5.2.2 原生HTML代码

双花括号会将数据解释为普通文本，而非 HTML 代码。因此，为了能够输出原生的HTML代码，需要使用v-html指令。观察以下示例：

```
<template>
  <div>
    <!-- 输出原生的HTML代码，需要使用v-html指令 -->
    <p>未使用v-html指令：{{ rawHtml }}</p>
    <p>使用v-html指令：<span v-html="rawHtml"></span></p>
  </div>
</template>
```

```
<script lang="ts">
import { Vue } from "vue-class-component";
export default class App extends Vue {
  private rawHtml: string = `<a href="https://waylau.com/">Welcome to
waylau.com</a>`;
}
</script>
```

上述代码中，对于相同的rawHtml内容，模板在其中一处使用了v-html指令，而在另外一处没有使用。未使用v-html指令与使用v-html指令的效果如图5-2所示。

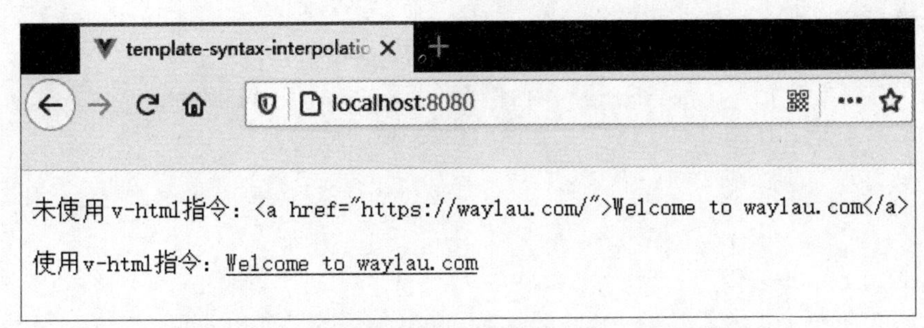


图 5-2 未使用 v-html 指令与使用 v-html 指令的效果

从图5-2可以看到，<span>的内容将会被替换成原生HTML代码。

> 提示
>
> 虽然Vue.js支持原生HTML代码，但在实际的应用中要加以限制。因为动态渲染任意的HTML代码是非常危险的，很容易遭受XSS（Cross Site Scripting，跨站脚本）攻击。注意只对可信内容使用原生HTML代码插值，绝不要将用户提供的内容用于插值。

### 5.2.3 绑定HTML attribute

双花括号不能在HTML attribute（属性）中使用。如果想绑定HTML attribute，我们可以使用v-bind指令，示例如下：

```
<!-- 绑定HTML attribute -->
<div v-bind:id="dynamicId"></div>
```

如果绑定值为null或undefined，则attribute将不被包括在呈现的元素中。

对于布尔attribute而言，如果存在意味着布尔attribute的值为true。v-bind的工作原理略有不同。例如：

```
<!-- 绑定布尔attribute -->
<button v-bind:disabled="isButtonDisabled">Button</button>
```

如果isButtonDisabled的值是null或undefined，则disabled attribute不会被包含在渲染出来的<button>标签中。

## 5.2.4 JavaScript表达式

在前面的示例中，一直都只绑定简单的property值。但实际上，对于所有的数据绑定，Vue.js都提供了完全的JavaScript表达式支持。借助JavaScript表达式，读者可以实现更加复杂的数据绑定。例如以下示例：

```
<template>
  <div>
    <!-- JavaScript表达式 -->
    <p>运算: {{ age + 1 }}</p>
    <p>三元表达式: {{ areYouOk ? "YES" : "NO" }}</p>
    <p>字符串操作: {{ message.split("").reverse().join("") }}</p>
    <div v-bind:id="'list-' + listId"></div>
  </div>
</template>

<script lang="ts">
import { Vue } from "vue-class-component";

export default class App extends Vue {
  private age: number=33;
  private areYouOk: boolean=false;
  private message: string="分布式系统常用技术及案例分析Angular企业级应用开发实践
大型互联网应用轻量级架构实战Netty原理解析与开发实战Node.js企业级应用开发实战";
  private listId: number=111;
}
</script>
```

上面这些表达式会在当前活动实例的数据作用域下作为JavaScript代码被解析。解析后的界面效果如图5-3所示。

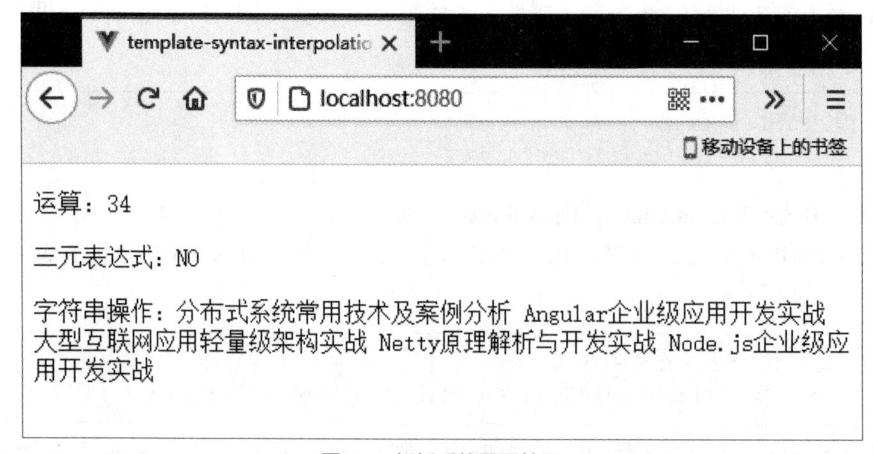


图 5-3 解析后的界面效果

# 5.3 实例11：在模板中使用指令

指令是带有“v-”前缀的特殊attribute。指令的attribute值应该是单个JavaScript表达式（v-for和v-on除外，稍后将讨论）。指令的职责是，当表达式的值改变时，将其产生的连带影响，响应式地作用于DOM。例如，在5.2.1小节和5.2.2小节中所介绍的v-once、v-html就是指令。

本节示例源码可以在“template-syntax-directive”应用中找到。

## 5.3.1 参数

一些指令能够接收一个参数，这个参数在指令名称之后以冒号标识。例如，下面示例中的v-bind指令用于响应式地更新HTML attribute。

```
<template>
  <div>
    <!-- v-bind指令 -->
    <p>
      <a v-bind:href="url">Welcome to waylau.com</a>
    </p>
  </div>
</template>

<script lang="ts">
import { Vue } from "vue-class-component";

export default class App extends Vue {
  private url: string="https://waylau.com/";
}
</script>
```

在这里href是参数，告知v-bind指令将该元素的href attribute与表达式url的值绑定。

v-on指令用于监听DOM事件：

```
<template>
  <div>
    <!-- v-on指令 -->
    <p>
      <a v-on:click="doLog">doLog</a>
    </p>
  </div>
</template>

<script lang="ts">
import { Vue } from "vue-class-component";

export default class App extends Vue {
  doLog() {
    console.log("do logging...");
```

```
    }
  }
  </script>
```

在这里参数click表示监听的事件名。第8章会更详细地讨论事件处理。

### 5.3.2 理解指令中的动态参数

在指令参数中可以使用JavaScript表达式，方法是用方括号将JavaScript表达式括起来，这样就相当于实现了动态参数的效果。

观察下面的例子：

```
<template>
  <div>
    <!-- v-on指令，动态参数 -->
    <p>
      <a v-on:[eventName]="doLog">doLog</a>
    </p>
  </div>
</template>

<script lang="ts">
import { Vue } from "vue-class-component";

export default class App extends Vue {
  private eventName: string="click";
  doLog() {
    console.log("do logging...");
  }
}
</script>
```

在上述例子中，当eventName的值为“click”时，v-on:[eventName] 等价于v-on:click，即绑定了单击事件。

### 5.3.3 理解指令中的修饰符

修饰符（Modifier）是以英文句点“.”指明的特殊后缀，用于指出一个指令应该以特殊方式绑定。例如，“.prevent”修饰符告诉 v-on指令对于触发的事件需要调用event.preventDefault，示例如下：

```
<!-- v-on指令，修饰符 -->
<form v-on:submit.prevent="onSubmit">Submit</form>
```

# 5.4 实例12：在模板中使用指令的缩写

“v-”前缀用来识别模板中Vue.js特定的attribute。在使用Vue.js为现有标签添加动态行为时，“v-”前缀很有帮助。然而，对于一些频繁用到的指令，这样会让人感到烦琐。

本节示例源码可以在“template-syntax-directive-shorthand”应用中找到。

## 5.4.1 使用v-bind缩写

以下是完整的v-bind指令用法：

```
<!-- 完整的v-bind指令 -->
<p>
    <a v-bind:href="url">Welcome to waylau.com</a>
</p>
```

采用缩写的v-bind指令用法如下：

```
<!-- v-bind指令缩写 -->
<p>
    <a :href="url">Welcome to waylau.com</a>
</p>
```

以下是采用了动态参数的、缩写的v-bind指令用法：

```
<!-- v-bind指令缩写，动态参数 -->
<p>
    <a :[key]="url">Welcome to waylau.com</a>
</p>
```

## 5.4.2 使用v-on缩写

以下是完整的v-on指令用法：

```
<!-- 完整的v-on指令 -->
<p>
    <a v-on:click="doLog">doLog</a>
</p>
```

采用缩写的v-on指令用法如下：

```
<!-- v-on指令缩写 -->
<p>
    <a @click="doLog">doLog</a>
</p>
```

以下是采用了动态参数的、缩写的v-on指令用法：

```
<!-- v-on指令缩写，动态参数 -->
<p>
    <a @[eventName]="doLog">doLog</a>
</p>
```

上述代码看起来可能与普通的HTML代码略有不同，但“:”与“@”对于attribute名来说都是合法字符，在所有支持Vue.js的浏览器中都能被正确地解析，而且它们不会出现在最终渲染的标签中。缩写语法是完全可选的，随着你更深入地了解它们的作用，你会庆幸拥有它们。

## 5.5 使用模板的一些约定

使用模板时需遵循以下约定。

### 5.5.1 对动态参数值的约定

动态参数在预期情况下会求出一个字符串，在异常情况下值为 null。这个null值可以被显性地用于移除绑定。而其他非字符串类型的值，在异常时则会触发一个警告。

### 5.5.2 对动态参数表达式的约定

动态参数表达式有一些语法约束，因为某些字符（如空格和引号）在HTML attribute名里是无效的。例如：

```
<!-- 这样会触发一个编译警告 -->

<a v-bind:['foo' + bar]="value"> ... </a>
```

解决办法是，使用没有空格或引号的表达式，抑或用计算属性替代复杂表达式。

在DOM中使用模板时，还需要避免使用大写字符来命名attribute名，因为浏览器会把attribute 名强制转为小写形式。例如：

```
<!--
在DOM中使用模板时代码“v-bind:[someAttr]”会被转换为“v-bind:[someattr]”，
除非在实例中有一个名为“someattr”的property，否则代码不会工作
-->

<a v-bind:[someAttr]="value"> ... </a>
```

### 5.5.3 对访问全局变量的约定

Vue.js模板表达式都被放在沙盒（sandbox，顾名思义，就是使程序在一个隔离的环境下运行，不对外界的其他程序造成影响）中，只能访问全局变量的白名单，如Math和Date。不应该在

模板表达式中试图访问用户定义的全局变量。

## 5.6 本章小结

本章详细介绍了Vue.js模板的用法，包括插值和指令。

## 5.7 习题

1．请简述Vue.js模板的作用。
2．请简述Vue.js支持哪几种插值类型。
3．请简述在模板中使用指令有哪几种方法。
4．请简述使用模板时有哪些注意事项。

# 第6章 Vue.js计算属性与监听器

第5章介绍了Vue.js模板，Vue.js模板支持非常便利的表达式，但是它们的设计初衷是用于简单运算。如果在模板中放入太多的逻辑，则会让模板过于复杂且难以维护。本章所引入的计算属性与监听器则可以降低响应式数据处理的复杂性。

## 6.1 通过实例理解“计算属性”的必要性

例如，下面的代码有一个嵌套数组对象：

```
<script lang="ts">
import { Vue } from "vue-class-component";

export default class App extends Vue {
  private books: string[]=[
    "分布式系统常用技术及案例分析",
    "Spring Boot企业级应用开发实战",
    "Spring Cloud微服务架构开发实战",
    "Spring 5开发大全",
    "分布式系统常用技术及案例分析（第2版）",
    "Cloud Native分布式架构原理与实践",
    "Angular企业级应用开发实战",
    "大型Web应用轻量级架构实战",
    "Java核心编程",
    "MongoDB+Express+Angular+Node.js全栈开发实战派",
    "Node.js企业级应用开发实战",
    "Netty原理解析与开发实战",
    "分布式系统开发实战",
    "轻量级Java EE企业应用开发实战"
  ];
}
</script>
```

现在想根据作者是否已经出版过一些书来显示不同的消息：

```
<template>
  <div>
    <p>是否出版过书？</p>

    <!-- 未使用计算属性 -->
    <p>{{ books.length > 0 ? "Yes" : "No" }}</p>
  </div>
</template>
```

此时，模板不再是简单的和声明式的，开发人员必须先做进一步的仔细观察，然后才能意识到它执行的计算取决于books.length。如果要在模板中多次包含此计算，则会让模板变得很复杂和难以理解。

因此，对于任何包含响应式数据的复杂逻辑，建议都使用计算属性（computed）。

## 6.2 实例13：一个计算属性的例子

在6.1节未使用计算属性的例子中，我们看到了如果在模板中放入太多的逻辑，会让模板过于复杂且难以维护。接下来，我们将对6.1节的例子进行改造，引入计算属性。

本节示例源码可以在“computed-basic”应用中找到。

### 6.2.1 声明计算属性

这里声明一个计算属性publishedBooksMessage，代码如下：

```
<template>
  <div>
    <p>是否出版过书？</p>

    <!-- 使用计算属性 -->
    <p>{{ publishedBooksMessage }}</p>
  </div>
</template>

<script lang="ts">
import { Vue } from "vue-class-component";

export default class App extends Vue {
  private books: string[]=[
    "分布式系统常用技术及案例分析",
    "Spring Boot企业级应用开发实战",
    "Spring Cloud微服务架构开发实战",
    "Spring 5开发大全",
    "分布式系统常用技术及案例分析（第2版）",
    "Cloud Native分布式架构原理与实践",
    "Angular企业级应用开发实战",
    "大型Web应用轻量级架构实战",
```

```
        "Java核心编程",
        "MongoDB + Express + Angular + Node.js全栈开发实战派",
        "Node.js企业级应用开发实战",
        "Netty原理解析与开发实战",
        "分布式系统开发实战",
        "轻量级Java EE企业应用开发实战"
    ];

    // 使用计算属性
    get publishedBooksMessage(): string {
        return this.books.length>0 ? "Yes" : "No";
    }
}
</script>
```

上述代码中，计算属性采用的是getter函数。尝试更改应用程序中books数组的值，你将看到publishedBooksMessage如何相应地更改。此时可以像普通属性一样将数据绑定到模板中的计算属性。

## 6.2.2 模拟数据更改

那么如何演示更改books数组的值呢？我们可以先在模板中增加一个按钮：

```
<button @click="clearData">清空数据</button>
```

当上述“清空数据”按钮被单击后，就会触发clearData()方法的执行。clearData()方法的代码如下：

```
// 清空数据
clearData() {
    this.books=[];
}
```

图6-1展示的是清空数据前的界面效果。

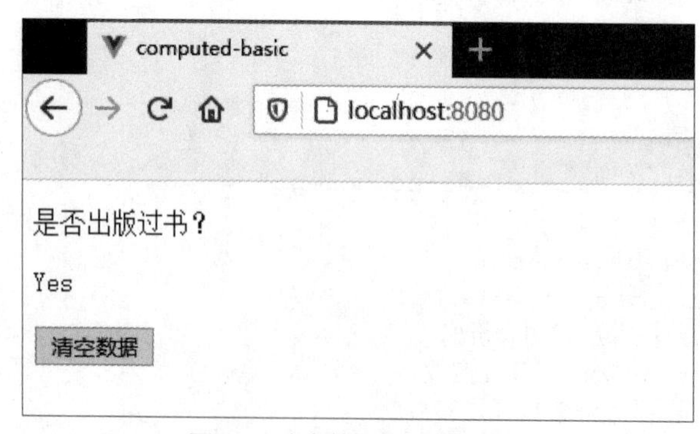


图 6-1　清空数据前的界面效果

图6-2展示的是单击“清空数据”按钮后的界面效果。

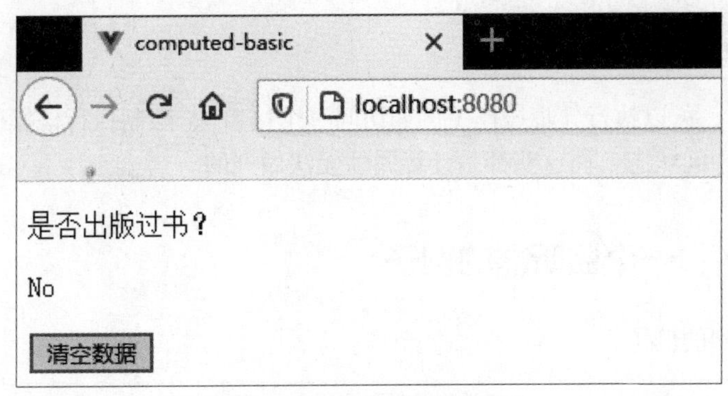


图 6-2 清空数据后的界面效果

## 6.3 计算属性缓存与方法的关系

读者可能已经注意到了，对于6.2节中使用计算属性的例子，可以通过在表达式中调用方法来实现同样的效果。例如：

```
<!-- 未使用计算属性，而是使用普通方法 -->
<p>{{ getPublishedBooksMessage() }}</p>

getPublishedBooksMessage(): string {
  return this.books.length>0 ? "Yes" : "No";
}
```

由以上代码可见，我们可以将6.2节例子中的同一函数定义为一个方法，而不是定义为一个计算属性。两种方式的最终结果确实是完全相同的。不同的是计算属性是基于它们的依赖关系进行缓存的，计算属性只有在相关响应式依赖发生改变时才会重新求值。这就意味着只要books数组没有发生改变，多次访问publishedBookMessage计算属性就会立即返回之前的计算结果，而不必再次执行函数。相比之下，每当触发重新渲染时，调用方法总会再次执行函数。换言之，计算属性起到了缓存的作用。

那么为什么需要缓存？假设有一个性能开销比较大的计算属性列表，它需要遍历一个庞大的数组并做大量的计算，此外可能有其他的计算属性依赖于计算属性列表。如果没有缓存，我们将不可避免地多次执行计算属性列表的计算方法。

## 6.4 为什么需要监听器

虽然计算属性在大多数情况下更适合响应式数据处理，但有时需要一个自定义的监听器（watch）。监听器提供更通用的方法来响应数据的变化。如果需要在数据变化时执行异步操作或开销较大的操作，监听器是非常有用的。

## 6.4.1 理解监听器

使用watch选项，可以执行异步操作（例如访问一个接口），限制执行该操作的频率，并在得到最终结果前设置中间状态。而这些都是计算属性无法做到的。

## 6.4.2 实例14：一个监听器的例子

观察下面监听器的例子：

```
<template>
  <div>
    <p>
      搜索:
      <input v-model="question" />
    </p>
    <div v-for="answer in answers" :key="answer">
      {{ answer }}
    </div>
  </div>
</template>

<script lang="ts">
import { Options, Vue } from "vue-class-component";

@Options({
  watch: {
    question(value: string) {
      this.getAnswer(value);
    },
  },
})
export default class App extends Vue {
  private question: string="";
  private answers: string[]=[];
  private books: string[]=[
    "分布式系统常用技术及案例分析",
    "Spring Boot企业级应用开发实战",
    "Spring Cloud微服务架构开发实战",
    "Spring 5开发大全",
    "分布式系统常用技术及案例分析（第2版）",
    "Cloud Native分布式架构原理与实践",
    "Angular企业级应用开发实战",
    "大型Web应用轻量级架构实战",
    "Java核心编程",
    "MongoDB + Express + Angular + Node.js全栈开发实战派",
    "Node.js企业级应用开发实战",
    "Netty原理解析与开发实战",
    "分布式系统开发实战",
    "轻量级Java EE企业应用开发实战"
  ];
```

```
  // 当question变化时，触发该方法
  getAnswer(value: string): void {
    // 搜索输入的字符是否在数组内
    console.log("search:" + value);
    this.books.forEach((book)=>{
      if (this.isContains(book, value)) {
        console.log("isContains:" + value);
        this.answers.push(book);
      } else {
        this.answers=[];
      }
    });
  }

  // 字符串是否包含指定的字符
  isContains(str: string, substr: string): boolean {
    return str.indexOf(substr)>=0;
  }
}
</script>
```

在上述例子中，我们在@Options注解中设置了watch，用于监听question变量。当用户使用界面的文本框进行模糊搜索时，会引起question变量的更改，这一操作就会被watch监听到，继而触发getAnswer()方法，将搜索的结果值回写到answers数组。

isContains()是一个简单的判断字符串是否包含指定的字符的方法。

运行应用，在文本框中输入关键词进行搜索，可以看到界面效果如图6-3所示。

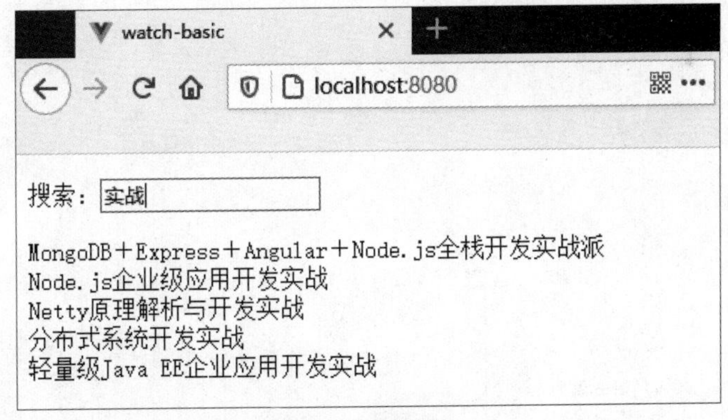


图 6-3　界面效果

本节示例源码可以在“watch-basic”应用中找到。有关watch的内容，后续章节会详细介绍。

## 6.5 本章小结

本章介绍了Vue.js计算属性与监听器。使用计算属性与监听器是为了避免模板变得过于复杂和难以维护。

## 6.6 习题

1．请简述计算属性的作用。

2．请编写一个计算属性的实际例子。

3．请简述监听器的作用。

4．请编写一个监听器的实际例子。

# 第7章 Vue.js表达式

Vue.js表达式用于根据特定的条件来渲染不同的内容。使用Vue.js表达式时，可以更灵活地实现逻辑控制或运算。Vue.js表达式主要包括条件表达式、for循环表达式等。

## 7.1 条件表达式

本节主要介绍Vue.js的条件表达式。本节示例源码可以在“expression-conditional”应用中找到。

### 7.1.1 实例15：v-if的例子

v-if指令用于有条件地渲染一块内容。这块内容只会在指令的表达式返回真值的时候被渲染。

观察如下示例：

```
<template>
  <!-- 使用v-if -->
  <h1 v-if="isGood">Vue is good!</h1>
</template>

<script lang="ts">
import { Vue } from "vue-class-component";

export default class App extends Vue {
  private isGood: boolean=true;
}
</script>
```

最终效果如图7-1所示。

图 7-1　实例 15 的界面效果

## 7.1.2 实例16：v-else的例子

我们可以使用v-else指令来表示v-if的“else块”。

观察如下示例：

```
<!-- 使用v-else -->
<div v-if="Math.random() > 0.5">显示A</div>
<div v-else>显示B</div>
```

上述示例会根据Math.random()所得到的随机数与0.5的大小关系，来决定是“显示A”还是“显示B”。

## 7.1.3 实例17：v-else-if的例子

v-else-if类似于JavaScript中的“else-if 块”，可以连续使用：

```
<!-- 使用v-else-if -->
<div v-if="score === 'A'">A</div>
<div v-else-if="score === 'B'">B</div>
<div v-else-if="score === 'C'">C</div>
<div v-else>D</div>
```

使用v-else-if的元素必须紧跟在带v-if或者v-else-if的元素之后，并排在带v-else的元素之前。

## 7.1.4 实例18：v-show的例子

v-show指令根据条件来决定是否展示元素，用法如下：

```
<template>
  <!-- 使用v-show -->
  <h1 v-show="isDisplay">I am display!</h1>
</template>

<script lang="ts">
import { Vue } from "vue-class-component";

export default class App extends Vue {
```

```
  private isDisplay: boolean=true;
 }
</script>
```

上述代码运行后的效果如图7-2所示。

图7-2　实例18的界面效果

与带有v-if的元素不同的是，带有v-show的元素始终会被渲染并保留在DOM中。v-show只用于简单地切换元素的CSS property display。简而言之，v-show只用于控制元素是否显示。因此，v-show就简单得多——不管初始条件是什么，元素总是会被渲染，并且只简单地基于CSS进行切换。

### 7.1.5 v-if与v-show的关系

v-if是“真正”的条件渲染，因为它会确保在条件块内的事件监听器和子组件适当地被销毁与重建。

v-if也是惰性的。如果在初始渲染时条件为假，则什么也不做——直到条件第一次变为真时，才会开始渲染条件块中的元素。

> **提示**
>
> 一般来说，v-if有更大的切换开销，而v-show有更大的初始渲染开销。因此如果需要非常频繁地切换，则使用v-show较好；如果在运行时条件很少改变，则使用v-if较好。

## 7.2 for循环表达式

for循环表达式用于遍历一组元素。

本节示例源码可以在“expression-for”应用中找到。

### 7.2.1 实例19：v-for遍历数组的例子

我们可以用v-for指令基于一个数组来渲染一个列表。示例如下：

```
<template>
  <div>
```

```
    <!-- 使用v-for遍历数组 -->
    <h1>老卫作品集合：</h1>
    <ul>
      <li v-for="book in books" :key="book">
        {{ book }}
      </li>
    </ul>
  </div>
</template>

<script lang="ts">
import { Vue } from "vue-class-component";

export default class App extends Vue {
  private books: string[]=[
    "分布式系统常用技术及案例分析",
    "Spring Boot企业级应用开发实战",
    "Spring Cloud微服务架构开发实战",
    "Spring 5开发大全",
    "分布式系统常用技术及案例分析（第2版）",
    "Cloud Native分布式架构原理与实践",
    "Angular企业级应用开发实战",
    "大型Web应用轻量级架构实战",
    "Java核心编程",
    "MongoDB+Express+Angular+Node.js全栈开发实战派",
    "Node.js企业级应用开发实战",
    "Netty原理解析与开发实战",
    "分布式系统开发实战",
    "轻量级Java EE企业应用开发实战"
  ];
}
</script>
```

上述代码运行后的效果如图7-3所示。

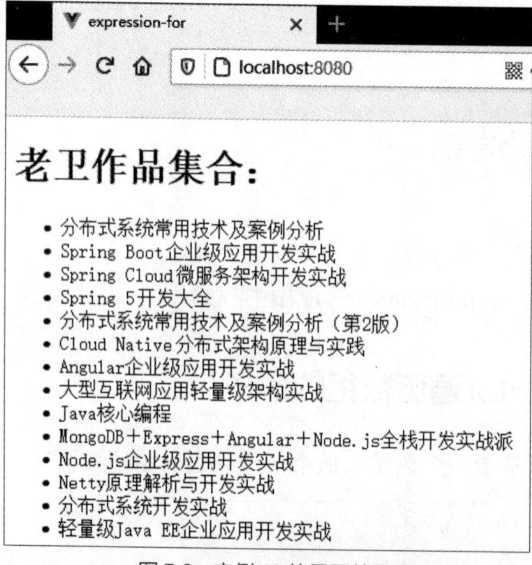


图 7-3　实例 19 的界面效果

v-for指令需要使用“book in books”形式的特殊语法，其中books是源数据数组，而book则是被迭代的数组元素的别名。

细心的读者应该注意到，在使用v-for时，多了一个:key。该key用于标识元素的唯一性。有相同父元素的子元素必须有独特的key，否则重复的key会造成渲染错误。不使用key时，Vue.js会使用一种最大程度减少动态元素，并且尽可能地尝试就地修改或复用相同类型元素的算法。而使用key时，它会基于key的变化重新排列元素顺序，并且会移除或销毁key不存在的元素。

> **注意**
>
> 推荐在使用v-for时，始终要配合使用key。

## 7.2.2 实例20：v-for遍历数组设置索引的例子

v-for还支持一个可选的参数（当前项的索引）。示例如下：

```
<template>
  <div>
    <!-- 使用v-for遍历数组，设置索引 -->
    <h1>老卫作品集合：</h1>
    <ul>
      <li v-for="(book, index) in books" :key="book">
        {{ index }} {{ book }}
      </li>
    </ul>
  </div>
</template>

<script lang="ts">
import { Vue } from "vue-class-component";

export default class App extends Vue {
  private books: string[]=[
    "分布式系统常用技术及案例分析",
    "Spring Boot企业级应用开发实战",
    "Spring Cloud微服务架构开发实战",
    "Spring 5开发大全",
    "分布式系统常用技术及案例分析（第2版）",
    "Cloud Native分布式架构原理与实践",
    "Angular企业级应用开发实战",
    "大型Web应用轻量级架构实战",
    "Java核心编程",
    "MongoDB＋Express＋Angular＋Node.js全栈开发实战派",
    "Node.js企业级应用开发实战",
    "Netty原理解析与开发实战",
    "分布式系统开发实战",
    "轻量级Java EE企业应用开发实战"
  ];
}
</script>
```

上述代码中，第一个参数book是被迭代的数组元素的别名，而第二个参数是被迭代的数组元素的索引。上述示例运行后的效果如图7-4所示。

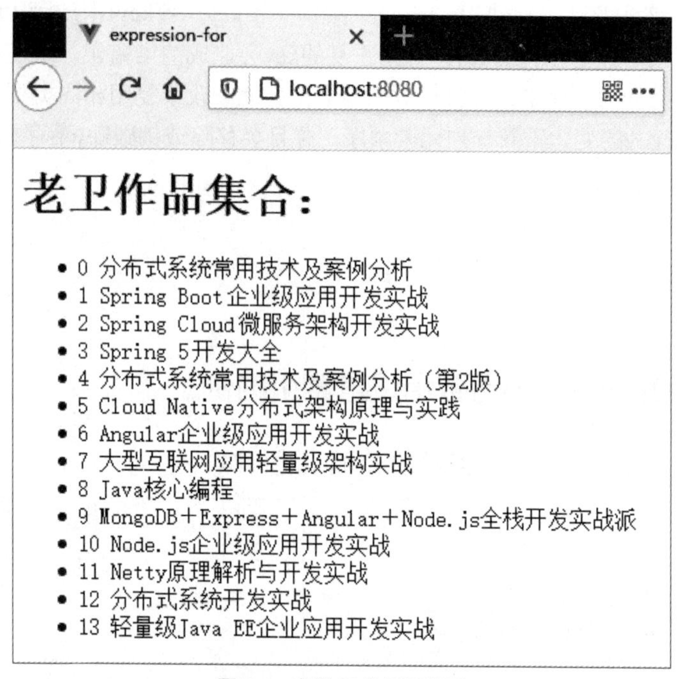


图 7-4　实例 20 的界面效果

需要注意的是，索引index可以是任意的别名，例如i或者k。索引是从0开始的。

## 7.2.3　实例21：v-for遍历对象property的例子

我们可以用v-for来遍历一个对象的property。示例如下：

```
<template>
  <div>
    <!-- 使用v-for遍历对象 -->
    <h1>女儿的信息：</h1>
    <ul>
      <li v-for="value in myDaughter" :key="value">
        {{ value }}
      </li>
    </ul>
  </div>
</template>

<script lang="ts">
import { Vue } from "vue-class-component";

export default class App extends Vue {
  private myDaughter: any={
    name: "Cici",
    city: "Huizhou",
```

```
    birthday: "2014-06-23",
  };
}
</script>
```

上述代码运行后的效果如图7-5所示。

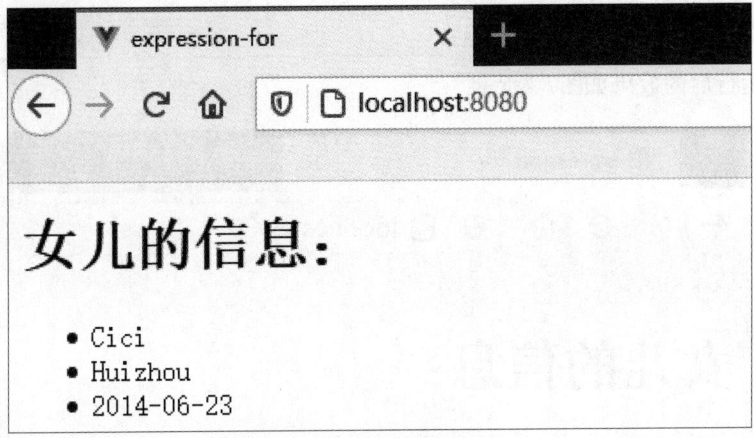


图 7-5　实例 21 的界面效果（1）

当然，也可以用第2个参数name作为property名称。示例如下：

```
<!-- 使用v-for遍历对象，设置property名称 -->
<h1>女儿的信息：</h1>
<ul>
    <li v-for="(value, name) in myDaughter" :key="value">
    {{ name }} {{ value }}
    </li>
</ul>
```

上述代码运行后的效果如图7-6所示。

图 7-6　实例 21 的界面效果（2）

图7-6显示的“name”“city”“birthday”皆为myDaughter 对象的property名称。

还可以用第3个参数作为索引。示例如下：

```
<!-- 使用v-for遍历对象，设置property名称 -->
<h1>女儿的信息：</h1>
<ul>
    <li v-for="(value, name, index) in myDaughter" :key="value">
    {{ index }} {{ name }} {{ value }}
    </li>
</ul>
```

上述代码运行后的效果如图7-7所示。

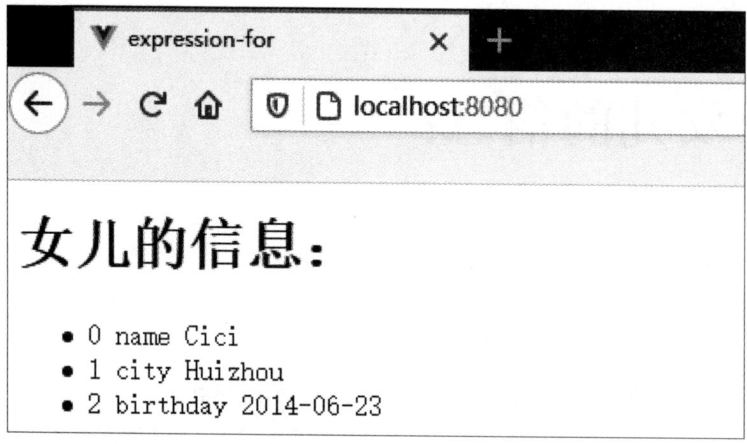


图7-7　实例21的界面效果（3）

## 7.2.4 实例22：数组过滤的例子

如果想显示一个数组经过过滤或排序后的版本，但不实际变更或重置原始数据，则可以创建一个计算属性来返回过滤或排序后的数组。

以下是一个数组过滤的例子：

```
<template>
  <div>
    <!-- 数组过滤 -->
    <h1>老卫作品集合，过滤出书名长度大于20个字符的作品：</h1>
    <ul>
      <li v-for="book in booksWithFilter" :key="book">
        {{ book }}
      </li>
    </ul>
  </div>
</template>

<script lang="ts">
import { Vue } from "vue-class-component";

export default class App extends Vue {
  private books: string[]=[
    "分布式系统常用技术及案例分析",
```

```
    "Spring Boot企业级应用开发实战",
    "Spring Cloud微服务架构开发实战",
    "Spring 5开发大全",
    "分布式系统常用技术及案例分析（第2版）",
    "Cloud Native分布式架构原理与实践",
    "Angular企业级应用开发实战",
    "大型Web应用轻量级架构实战",
    "Java核心编程",
    "MongoDB＋Express＋Angular＋Node.js全栈开发实战派",
    "Node.js企业级应用开发实战",
    "Netty原理解析与开发实战",
    "分布式系统开发实战",
    "轻量级Java EE企业应用开发实战"
  ];

  // 过滤，只保留书名长度大于20个字符的作品
  get booksWithFilter() {
    return this.books.filter(book=>book.length > 20)
  }
}
</script>
```

上述代码运行后的效果如图7-8所示。可以看到，在这种情况下，v-for只会遍历过滤后的数据。

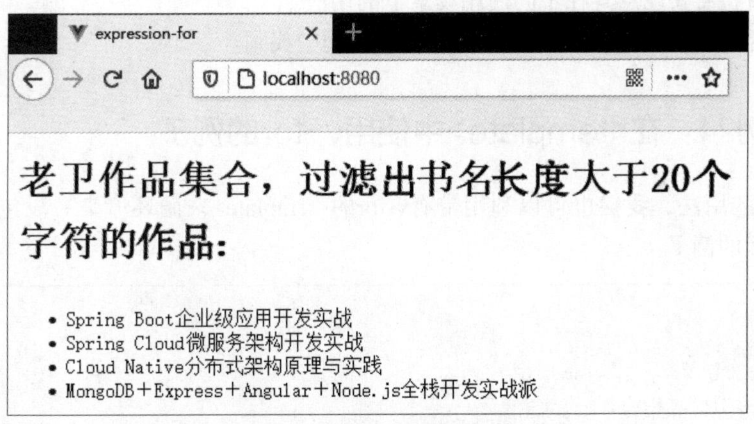


图 7-8　实例 22 的界面效果

## 7.2.5 实例23：使用值的范围的例子

v-for可以接收整数。在这种情况下，它会把模板重复执行对应的次数。示例如下：

```
<h1>使用值的范围：</h1>
<ul>
    <li v-for="num in 5" :key="num">
    {{ num }}
    </li>
</ul>
```

上述代码运行后的效果如图7-9所示。

图 7-9　实例 23 的界面效果

## 7.3 v-for的不同使用场景

使用v-for时，需要注意其在不同使用场景下的用法。

本节示例源码可以在“expression-for-scene”应用中找到。

### 7.3.1 实例24：在<template>中使用v-for的例子

类似于v-if的用法，我们也可以利用带有v-for的<template>来循环渲染一段包含多个元素的内容。例如下面的例子：

```
<template>
  <div>
    <!-- 在<template>中使用v-for -->
    <h1>老卫作品集合：</h1>
    <ul>
      <template  v-for="book in books" :key="book">
        <li><span>{{ book }}</span> {{ book.length }}</li>
      </template >
    </ul>
  </div>
</template>

<script lang="ts">
import { Vue } from "vue-class-component";

export default class App extends Vue {
  private books: string[]=[
    "分布式系统常用技术及案例分析",
```

```
        "Spring Boot企业级应用开发实战",
        "Spring Cloud微服务架构开发实战",
        "Spring 5开发大全",
        "分布式系统常用技术及案例分析（第2版）",
        "Cloud Native分布式架构原理与实践",
        "Angular企业级应用开发实战",
        "大型Web应用轻量级架构实战",
        "Java核心编程",
        "MongoDB + Express + Angular + Node.js全栈开发实战派",
        "Node.js企业级应用开发实战",
        "Netty原理解析与开发实战",
        "分布式系统开发实战",
        "轻量级Java EE企业应用开发实战"
    ];
  }
</script>
```

上述代码运行后的效果如图7-10所示。

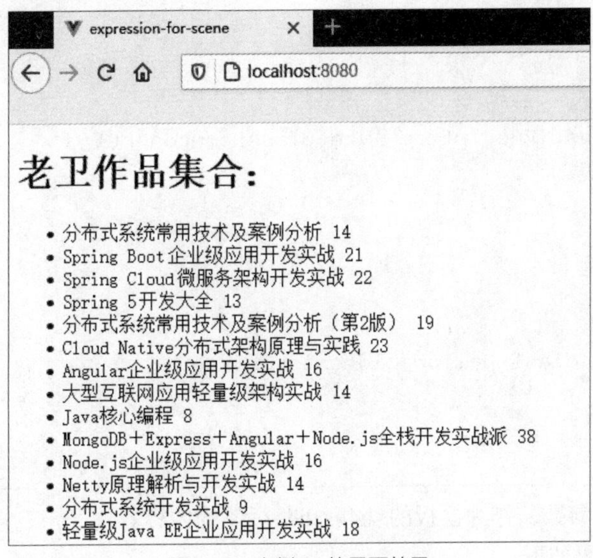


图 7-10　实例 24 的界面效果

## 7.3.2 实例25：v-for与v-if一同使用的例子

当v-for与v-if一同使用时，若它们处于同一标签中，v-if的优先级比v-for高，这意味着v-if将无法访问v-for里的变量。

观察下面的例子：

```
<!-- 该例子将抛出异常，因为todo还没有实例化 -->
<li v-for="todo in todos" v-if="!todo.isComplete">
  {{ todo }}
</li>
```

上述的例子将抛出异常，因为在执行v-if指令时，todo还没有实例化。

解决方式是把v-for语句移动到<template>标签中，示例如下：

```
<template v-for="todo in todos">
  <li v-if="!todo.isComplete">
    {{ todo }}
  </li>
</template>
```

综上，不推荐在同一元素中使用v-if和v-for。

### 7.3.3 实例26：在组件上使用v-for的例子

在组件上，可以像在任何普通元素上一样使用v-for。

例如，我们有一个子组件HelloWorld.vue，代码如下：

```
<template>
  <div class="hello">
    <h4>{{ msg }}</h4>
  </div>
</template>

<script lang="ts">
import { Options, Vue } from 'vue-class-component';

@Options({
  props: {
    msg: String
  }
})
export default class HelloWorld extends Vue {
  msg!: string
}
</script>
```

上述组件接收msg参数，作为模板的<h4></h4>标签的内容。

根组件App.vue代码如下：

```
<template>
  <div>
    <!-- 在组件上使用v-for -->
    <HelloWorld v-for="book in books" :key="book" :msg="book"/>
  </div>
</template>

<script lang="ts">
import { Options, Vue } from 'vue-class-component';
import HelloWorld from './components/HelloWorld.vue';

@Options({
  components: {
    HelloWorld,
  },
```

```
})
export default class App extends Vue {
  private books: string[]=[
    "分布式系统常用技术及案例分析",
    "Spring Boot企业级应用开发实战",
    "Spring Cloud微服务架构开发实战",
    "Spring 5开发大全",
    "分布式系统常用技术及案例分析（第2版）",
    "Cloud Native分布式架构原理与实践",
    "Angular企业级应用开发实战",
    "大型Web应用轻量级架构实战",
    "Java核心编程",
    "MongoDB＋Express＋Angular＋Node.js全栈开发实战派",
    "Node.js企业级应用开发实战",
    "Netty原理解析与开发实战",
    "分布式系统开发实战",
    "轻量级Java EE企业应用开发实战"
  ];
}
</script>
```

从上面的代码可以看到，在v-for遍历books时，将book传递给了子组件的msg。

上述代码运行后的效果如图7-11所示。

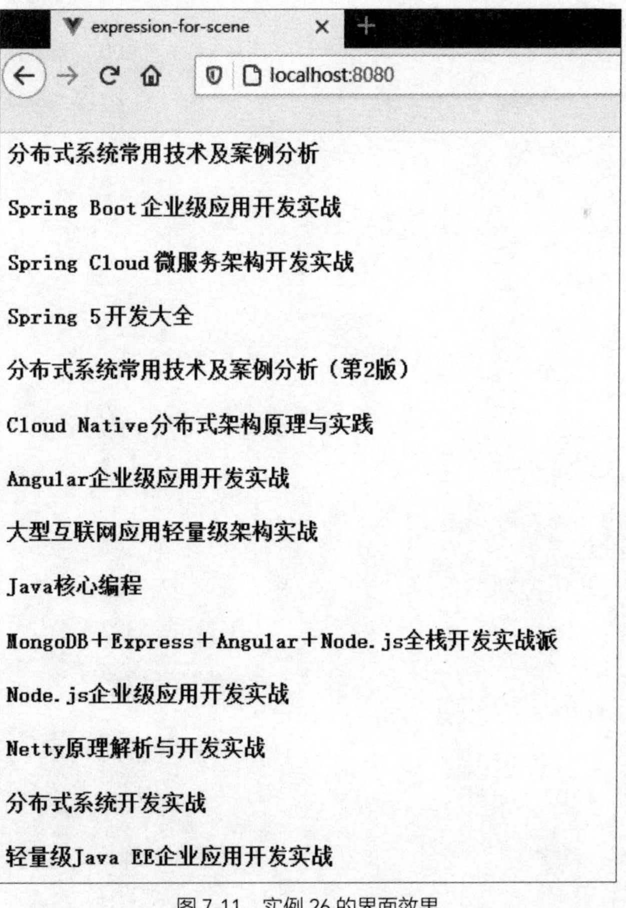


图7-11　实例26的界面效果

# 7.4 本章小结

本章详细介绍了Vue.js表达式，包括条件表达式和for循环表达式。

# 7.5 习题

1．请简述Vue.js条件表达式的类型。
2．请编写一个Vue.js条件表达式的例子。
3．请简述Vue for循环表达式的使用场景。
4．请编写一个Vue for循环表达式的例子。

# 第8章 Vue.js事件

本章介绍Vue.js的事件。事件可以通知浏览器或用户某个事件当前的状态是已经做完了，还是刚刚开始做。这样，浏览器或用户就可以依据事件状态来决策下一步要做什么。

## 8.1 事件概述

在Web开发中，事件并不会让人感到陌生。事件是浏览器或用户做的某些事情。下面是HTML事件的一些例子：

- 加载HTML网页完成；
- HTML输入字段被修改；
- HTML按钮被单击。

通常在事件发生时，用户会希望根据这个事件做某件事。而JavaScript就承担着处理这些事件的任务。

为了更好地理解Vue.js事件，我们先从一个例子入手。本节示例源码可以在“event-basic”应用中找到。

### 8.1.1 实例27：监听事件的例子

以下是一个简单的监听事件的例子：

```
<template>
  <div>
    <button @click="counter += 1">+</button>
    <p>计数: {{ counter }}</p>
  </div>
</template>

<script lang="ts">
import { Vue } from "vue-class-component";
```

```
export default class App extends Vue {
  private counter: number=0;
}
</script>
```

上面的代码比较简单：在<button>（按钮）上通过@click的方式设置了一个单击事件，当该事件被触发时，会执行JavaScript表达式“counter += 1”使得变量counter递增。界面效果如图8-1所示。

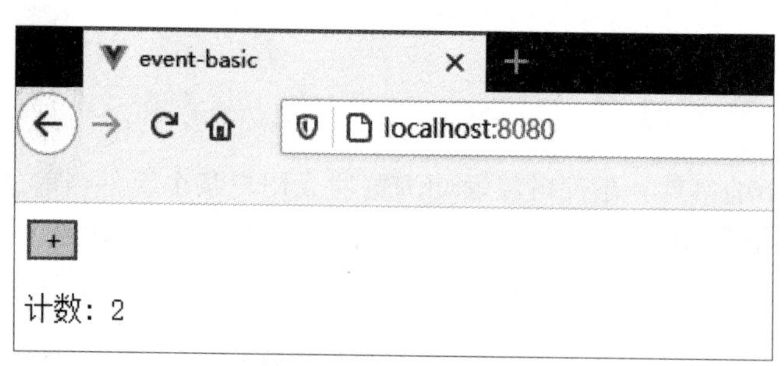


图 8-1　实例 27 的界面效果

前面介绍过@click其实是v-on:click的缩写。

## 8.1.2 理解事件处理方法

在上述“event-basic”应用例子中，我们通过@click直接绑定了一个JavaScript表达式。然而大多数场景下，事件处理逻辑会比这个场景中的复杂，因此，不是所有的场景都适合直接把JavaScript代码写在v-on指令中。v-on还可以接收一个需要调用的方法名称，例如以下示例：

```
<template>
  <div>
    <button @click="plusOne()">+</button>
    <p>计数：{{ counter }}</p>
  </div>
</template>

<script lang="ts">
import { Vue } from "vue-class-component";

export default class App extends Vue {
  private counter: number=0;

  // 定义一个递增1的组件方法
  plusOne():void {
    this.counter++;
  }
}
</script>
```

在上述例子中，v-on指令绑定了一个plusOne()方法。当然，绑定的方法名称还可以进一步简化，省略“()”，如下：

```
<button @click="plusOne">+</button>
```

### 8.1.3 处理原始的DOM事件

有时需要在内联语句处理器中访问原始的DOM事件。我们可以用特殊变量$event把原始的DOM事件传入方法，示例如下：

```
<template>
  <div>
    <p>计数：{{ counter }}</p>
    <button @click="plus(3, $event)">+count</button>
  </div>
</template>

<script lang="ts">
import { Vue } from "vue-class-component";

export default class App extends Vue {
  private counter: number=0;

  // 定义一个递增任意数的组件方法
  plus(count: number, event: Event) {
    this.counter+=count;
    console.log("event:" + event.target);
  }
}
</script>
```

上述例子中，定义了一个plus()方法，该方法接收以下两个参数。

- count：要递增的数值。
- event：原始的DOM事件。

单击“+count”按钮，界面和控制台效果如图8-2所示。

图 8-2　界面和控制台效果（1）

### 8.1.4 为什么需要在HTML代码中监听事件

你可能注意到这种事件监听的方式违背了关注点分离（Separation of Concerns）原则。但不必担心，因为所有的Vue.js事件处理方法和表达式都严格绑定在当前视图的ViewModel上，它们不会导致任何维护上的困难。实际上，在HTML代码中监听事件有如下好处。

- 在HTML模板中能轻松定位在JavaScript代码中对应的方法。
- 因为无须在JavaScript代码中手动绑定事件，所以ViewModel代码和DOM完全解耦，更易于测试。
- 当一个ViewModel被销毁时，所有的事件处理器都会自动被删除，无须担心如何清理它们。

## 8.2 实例28：多事件处理器的例子

一个事件对应一个处理器是比较常见的模式。但Vue.js的事件还支持一个事件对应多个处理器。例如以下示例：

```
<template>
  <div>
    <p>计数：{{ counter }}</p>
    <button @click="plusOne(), plus(3, $event)">+count</button>
  </div>
</template>

<script lang="ts">
import { Vue } from "vue-class-component";

export default class App extends Vue {
  private counter: number=0;

  // 定义一个递增1的组件方法
  plusOne(): void {
    this.counter++;
    console.log("plusOne");
  }

  // 定义一个递增任意数的组件方法
  plus(count: number, event: Event) {
    this.counter+=count;
    console.log("event:"+event.target);
  }
}
</script>
```

上述示例中，@click同时绑定了plusOne和plus两个事件处理器。多个事件处理器用英文逗号“,”隔开。当单击“+count”按钮时，plusOne和plus都将执行。

单击“+count”按钮，界面和控制台效果如图8-3所示。

图 8-3　界面和控制台效果（2）

从控制台日志可以看出，多个事件处理器的执行顺序与在@click中同时绑定的事件处理器的顺序是一致的。

本节示例源码可以在“event-muti”应用中找到。

# 8.3 修饰符

在事件处理程序中调用event.preventDefault或event.stopPropagation是非常常见的操作。尽管可以在方法中轻松实现这一点，但更好的方式是使用的方法只有纯粹的数据逻辑，而不用去处理DOM事件细节。

为了实现方法中纯粹的数据逻辑，Vue.js为v-on提供了事件修饰符等。

## 8.3.1 理解事件修饰符

修饰符是用以“.”开头的指令后缀来表示的。常见的事件修饰符有：

- .stop；
- .prevent；
- .capture；
- .self；
- .once；
- .passive。

以下是事件修饰符的使用示例：

```
<!-- 阻止单击事件继续传播 -->
```

```
<a @click.stop="doThis"></a>

<!-- 提交事件不再重载页面 -->
<form @submit.prevent="onSubmit"></form>

<!-- 修饰符可以串联 -->
<a @click.stop.prevent="doThat"></a>

<!-- 只有修饰符，没有处理器-->
<form @submit.prevent></form>

<!-- 添加事件监听器时使用事件捕获模式 -->
<!-- 即内部元素触发的事件先在此处理，然后才交由内部元素进行处理 -->
<div @click.capture="doThis">...</div>

<!-- 只有在event.target是当前元素自身时才触发处理函数 -->
<!-- 即事件不是内部元素触发的 -->
<div @click.self="doThat">...</div>

<!-- 单击事件将只会触发一次 -->
<a @click.once="doThis"></a>

<!-- 滚动事件的默认行为（即滚动行为）将会立即触发 -->
<!-- 而不会等待onScroll完成 -->
<!-- 代码中包含event.preventDefault()的情况 -->
<div @scroll.passive="onScroll">...</div>
```

> **注意**
>
> 使用修饰符时，顺序很重要；相应的代码会以同样的顺序产生。因此，用v-on:click.prevent.self会阻止所有的单击事件的默认行为，而v-on:click.self.prevent只会阻止对元素自身的单击事件的默认行为。

.once修饰符比较特殊，与只能对原生的DOM事件起作用的修饰符不同，.once修饰符还能被用到自定义的组件事件上。

.passive修饰符能够提升移动端的性能。但需要注意的是，不要把.passive和.prevent一起使用。若一起使用二者，.prevent将会被忽略，同时浏览器可能会向你展示一个警告。请记住，.passive会告诉浏览器你不想阻止事件的默认行为。

### 8.3.2 理解按键修饰符

在监听键盘事件时，经常需要检查特定的按键。Vue.js允许为键盘事件添加按键修饰符。示例如下：

```
<!-- 只有在key是Enter时调用vm.submit() -->
<input @keyup.enter="submit" />
```

我们可以直接将KeyboardEvent.key暴露的任意有效按键名转换为修饰符。例如以下示例：

```
<input @keyup.page-down="onPageDown" />
```

在上述示例中，处理函数只会在$event.key等于“PageDown”时被调用。

其他常用的按键修饰符还有：

- .tab；
- .delete；
- .esc；
- .space；
- .up；
- .down；
- .left；
- .right。

### 8.3.3 理解系统修饰符

系统修饰符用于在按相应按键时触发鼠标事件或键盘事件。系统修饰符包括：

- .ctrl；
- .alt；
- .shift；
- .meta。

使用示例如下：

```
<!-- Alt键+Enter键-->
<input @keyup.alt.enter="clear" />

<!-- Ctrl键+Click -->
<div @click.ctrl="doSomething">Do something</div>
```

除上述系统修饰符，系统修饰符还包括.exact修饰符和鼠标按键修饰符。

**1．.exact修饰符**

.exact 修饰符允许用户控制由精确的系统修饰符组合触发的事件。

```
<!-- 即使Ctrl键与Alt键或Shift键被一同按时也会触发 -->
<button @click.ctrl="onClick">A</button>

<!-- 有且只有Ctrl键被按的时候才触发 -->
<button @click.ctrl.exact="onCtrlClick">A</button>

<!-- 没有任何按键被按的时候才触发 -->
<button @click.exact="onClick">A</button>
```

**2．鼠标按键修饰符**

鼠标按键修饰符包括：

- .left；

- .right；
- .middle。

这些修饰符会限制处理函数仅响应特定的鼠标按键的事件。

## 8.4 本章小结

本章详细介绍了Vue.js事件的概念、使用事件的例子以及事件修饰符。

## 8.5 习题

1．请简述什么是事件以及事件的作用。
2．请编写一个多事件处理器的例子。
3．请简述什么是事件修饰符。

# 第9章 Vue.js表单

表单是网页中最普遍的组成部分之一，主要负责用户输入数据的采集。

## 9.1 理解表单输入绑定

Vue.js支持用v-model指令在表单的<input>、<textarea>及<select>等输入元素上创建双向数据绑定。v-model会根据控件类型自动选取正确的方法来更新元素。尽管这看上去有点神奇，但v-model本质上不过是语法糖。v-model用于监听用户的输入事件并更新数据，且对一些极端场景进行特殊处理。

v-model会忽略所有表单元素的value、checked、selected等attribute的初始值，总是将当前活动实例的数据作为数据来源。开发人员应该通过JavaScript在组件的data选项中声明初始值。

v-model根据不同的输入元素使用不同的property并抛出不同的事件。

- 对于<text>和<textarea>元素，使用value property和input事件。
- 对于<checkbox>和<radio>元素，使用checked property和change事件。
- 对于<select>元素，将value作为prop，并将change作为事件。

## 9.2 实例29：表单输入绑定的基础用法

本节介绍表单输入绑定的基础用法，涉及文本、多行文本、复选框、单选按钮、选择框等。

本节示例源码可以在“form-input-binding”应用中找到。

### 9.2.1 文本

绑定文本是表单输入绑定的最常见类型。以下是一个文本的例子：

```
<template>
  <div>
    <!--绑定文本-->
    <input v-model="message" placeholder="编辑消息" />
    <p>输入的消息是: {{ message }}</p>
  </div>
</template>

<script lang="ts">
import { Vue } from "vue-class-component";

export default class App extends Vue {
  private message: string="";
}
</script>
```

上述例子中，字符串message就是我们要绑定的文本。当我们在<input>中输入内容以改变message时，内容将会同步更新到<p>的{{ message }}中。界面效果如图9-1所示。

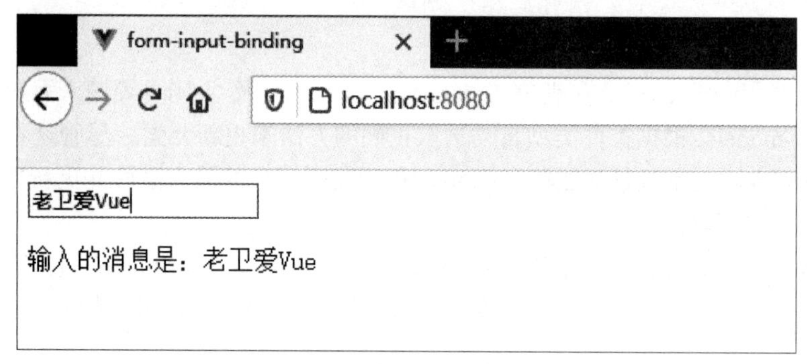


图 9-1　实例 29 的界面效果

## 9.2.2 多行文本

以下是一个绑定多行文本的例子：

```
<template>
  <div>
    <!--绑定多行文本-->
    <textarea v-model="message" placeholder="编辑消息"></textarea>
    <p>输入的消息是: {{ message }}</p>
  </div>
</template>

<script lang="ts">
import { Vue } from "vue-class-component";

export default class App extends Vue {
  private message: string="";
}
</script>
```

上述例子中，字符串message就是我们要绑定的文本。当我们在<textarea>中输入内容以改变message时，内容将会同步更新到<p>的{{ message }}中。界面效果如图9-2所示。

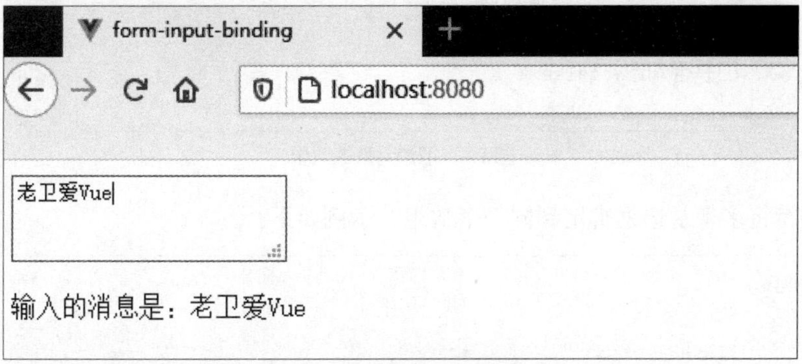

图 9-2 多行文本的界面效果

## 9.2.3 复选框

以下是一个单个复选框的例子：

```
<template>
  <div>
    <!--单个复选框，绑定布尔值-->
    <input type="checkbox" id="checkbox" v-model="checked" />
    <label for="checkbox">是否勾选：{{ checked }}</label>
  </div>
</template>

<script lang="ts">
import { Vue } from "vue-class-component";

export default class App extends Vue {
  private checked: boolean=true;
}
</script>
```

上述例子中，字符串checked就是我们要绑定的布尔值。当我们在checkbox上进行勾选或者取消勾选时，checked的值将会同步更新到<label>的{{ checked }}中。界面效果如图9-3和图9-4所示。

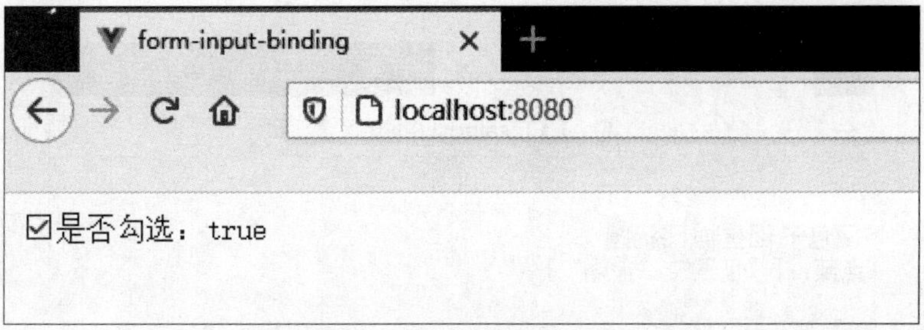

图 9-3 进行勾选的效果（1）

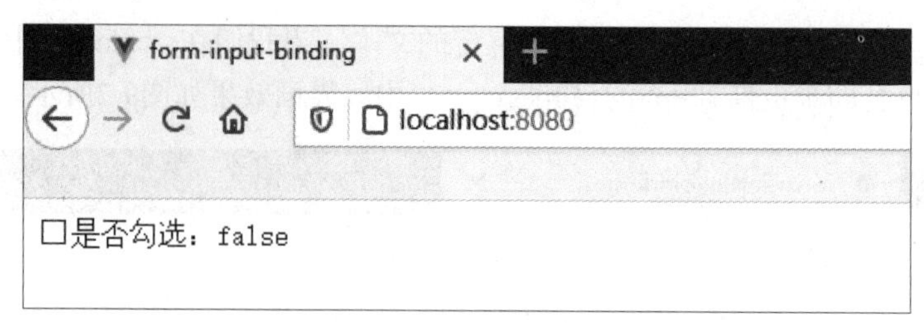


图 9-4　取消勾选的效果

当然也支持将多个复选框绑定到同一个数组。示例如下：

```
<template>
  <div>
    <!--多个复选框，绑定到同一个数组-->
    <div>
      <input type="checkbox" id="baozi" value="包子" v-model="checkedNames" />
      <label for="baozi">包子</label>
      <input type="checkbox" id="cake" value="蛋糕" v-model="checkedNames" />
      <label for="cake">蛋糕</label>
      <input
        type="checkbox"
        id="tangyuan"
        value="汤圆"
        v-model="checkedNames"
      />
      <label for="tangyuan">汤圆</label>
      <br />
      <span>点菜：{{ checkedNames }}</span>
    </div>
  </div>
</template>

<script lang="ts">
import { Vue } from "vue-class-component";

export default class App extends Vue {
  private checkedNames: string[]=[];
}
</script>
```

上述例子中，字符串数组checkedNames就是我们要绑定的数组。当我们在checkbox上进行勾选或者取消勾选时，checked的值将会同步更新到<span>的{{ checkedNames }}中。界面效果如图9-5所示。

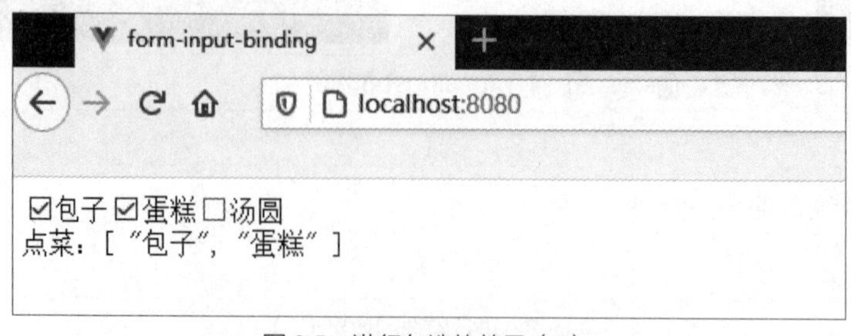


图 9-5　进行勾选的效果（2）

## 9.2.4 单选按钮

以下是一个单选按钮的例子：

```
<template>
  <div>
    <!--单选按钮，绑定到同一个值-->
    <div>
      <input type="radio" id="good" value="红星高照" v-model="picked" />
      <label for="good">红星高照</label>
      <br />
      <input type="radio" id="bad" value="诸事不宜" v-model="picked" />
      <label for="bad">诸事不宜</label>
      <br />
      <span>预测今日运势：{{ picked }}</span>
    </div>
  </div>
</template>

<script lang="ts">
import { Vue } from "vue-class-component";

export default class App extends Vue {
  private picked: string="";
}
</script>
```

上述例子中，字符串picked就是我们要绑定的值。当我们在radio上进行选择时，picked的值将会同步更新到{{ picked }}中。界面效果如图9-6所示。

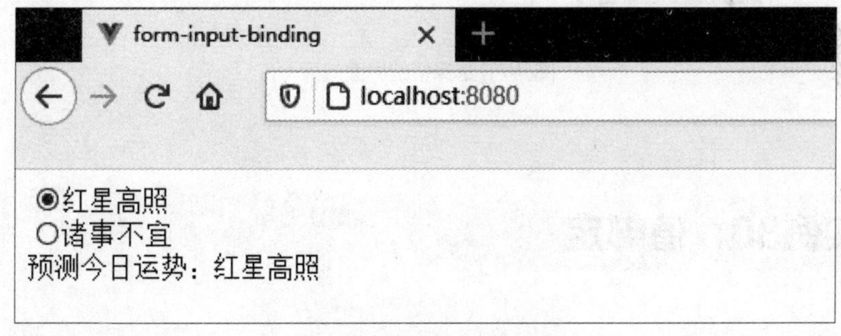


图 9-6 单选按钮的界面效果

## 9.2.5 选择框

以下是一个选择框的例子：

```
<template>
  <div>
    <!--选择框，绑定到同一个值-->
    <div>
```

```
        <select v-model="selected">
          <option disabled value="">选择一个套餐</option>
          <option>A</option>
          <option>B</option>
          <option>C</option>
        </select>
        <span>选择的套餐是：{{ selected }}</span>
      </div>
    </div>
  </template>

  <script lang="ts">
  import { Vue } from "vue-class-component";

  export default class App extends Vue {
    private selected: string="";
  }
  </script>
```

上述例子中，字符串selected就是我们要绑定的值。当我们在select上进行选择时，selected的值将会同步更新到{{ selected }}中。界面效果如图9-7所示。

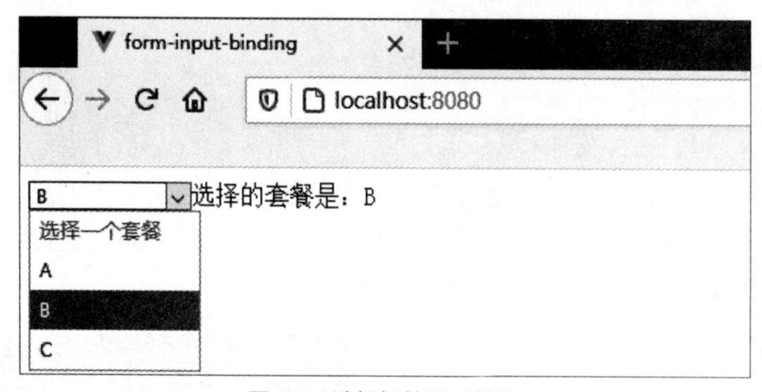


图 9-7　选择框的界面效果

# 9.3 实例30：值绑定

在9.2节中我们了解到，对于单选按钮、复选框及选择框的选项，v-model为其绑定的值通常是静态字符串（对于复选框，也可以是布尔值）。但是有时我们可能想把值绑定到当前活动实例的一个动态property上，这时可以用v-bind实现；此外，使用v-bind可以将输入值绑定为非字符串。

本节示例源码可以在“form-input-binding-value-binding”应用中找到。

## 9.3.1 复选框

以下是一个复选框的例子：

```
<template>
```

```
    <!--单个复选框，绑定到动态property上-->
    <div>
      <input
        type="checkbox"
        id="checkbox"
        v-model="toggle"
        true-value="yes"
        false-value="no"
      />
      <label for="checkbox">是否勾选：{{ toggle }}</label>
    </div>
  </template>

  <script lang="ts">
  import { Vue } from "vue-class-component";

  export default class App extends Vue {
    private toggle: string="yes";
  }
  </script>
```

上述例子中，字符串toggle就是我们要绑定的文本，同时绑定true-value到“yes”，绑定false-value到“no”。当toggle的值为“yes”时，界面效果如图9-8所示。

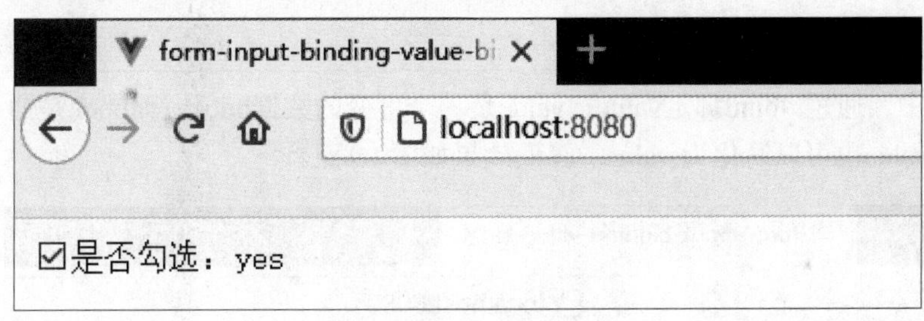


图 9-8　实例 30 的界面效果

## 9.3.2 单选按钮

以下是一个单选按钮的例子：

```
  <template>
    <!--单选按钮，绑定到动态property上-->
    <div>
      <label v-for="book in books" :key="book">
        <input type="radio" v-model="picked" v-bind:value="book" />
        {{ book }}
        <br />
      </label>

      <br />
      <span>选中：{{ picked }}</span>
    </div>
```

```
</template>

<script lang="ts">
import { Vue } from "vue-class-component";

export default class App extends Vue {
  private picked: string="";
  private books: string[]=[
    "分布式系统常用技术及案例分析",
    "Spring Boot企业级应用开发实战",
    "Spring Cloud微服务架构开发实战",
    "Spring 5开发大全",
    "分布式系统常用技术及案例分析（第2版）",
    "Cloud Native分布式架构原理与实践",
    "Angular企业级应用开发实战",
    "大型Web应用轻量级架构实战",
    "Java核心编程",
    "MongoDB＋Express＋Angular＋Node.js全栈开发实战派",
    "Node.js企业级应用开发实战",
    "Netty原理解析与开发实战",
    "分布式系统开发实战",
    "轻量级Java EE企业应用开发实战",
  ];
}
</script>
```

上述例子中，通过v-bind绑定value，value是一个可变的数据book，而book是通过v-for遍历生成的。v-bind:value也可以简化为:value。界面效果如图9-9所示。

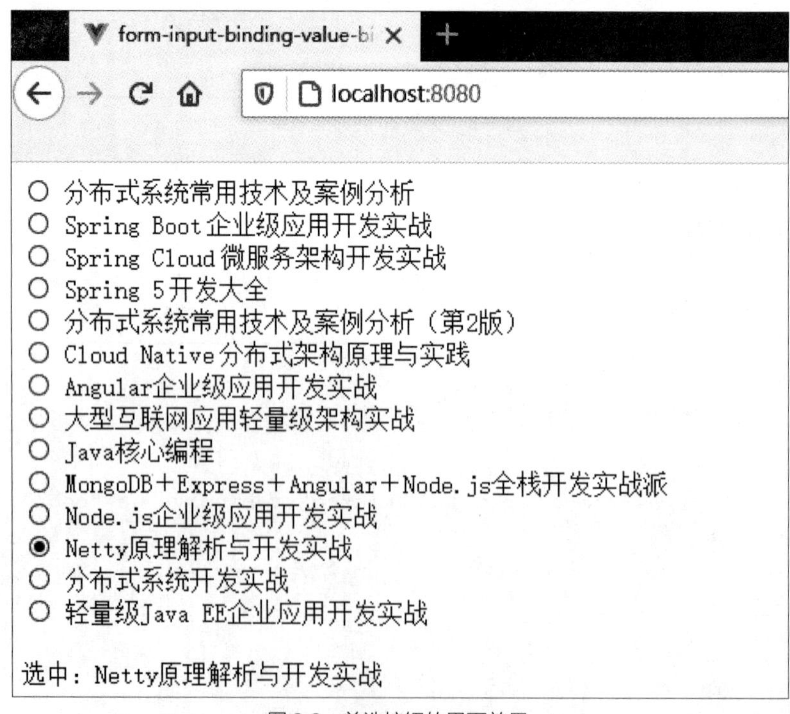


图9-9 单选按钮的界面效果

## 9.3.3 选择框

以下是一个选择框的例子：

```
<template>
  <!--选择框，绑定到动态property上-->
  <div>
    <select v-model="selected">
      <option disabled value="">选择一本书</option>
      <option v-for="book in bookList" :key="book.id" v-bind:value="book.id">
        {{ book.label }}
      </option>
    </select>
    <span>选择的书是：{{ selected }}</span>
  </div>
</template>

<script lang="ts">
import { Vue } from "vue-class-component";

export default class App extends Vue {
  private selected: string="";
  private bookList: any[]=[
    {
      id: 1,
      label: "Spring Boot企业级应用开发实战",
    },
    {
      id: 2,
      label: "Spring Cloud微服务架构开发实战",
    },
    {
      id: 3,
      label: "Spring 5开发大全",
    },
    {
      id: 4,
      label: "Netty原理解析与开发实战",
    },
  ];
}
</script>
```

上述例子中，字符串selected就是我们要绑定的值，它通过v-bind:value被绑定到动态property上。本例的动态property是book.id。当我们在<select>上进行选择时，selected的值将会同步更新到{{ selected }}中。界面效果如图9-10所示。

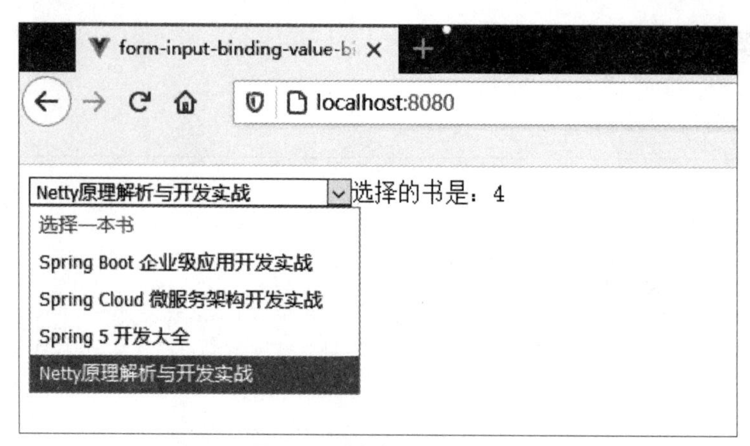


图 9-10　选择框的界面效果

## 9.4 本章小结

本章详细介绍了Vue.js表单的用法，包括表单输入绑定和值绑定。

## 9.5 习题

1．请简述什么是表单输入绑定。

2．请编写一个表单输入绑定的例子。

3．请编写一个表单值绑定的例子。

# 第10章 Vue.js HTTP客户端

本章介绍如何在Vue.js中使用HTTP客户端来访问HTTP资源。

## 10.1 初识HTTP客户端

大多数前端应用都会提供通过HTTP与后端服务器或者网络资源进行通信。现代浏览器原生提供了XMLHttpRequest接口和Fetch 接口以实现上述功能。

而在Vue.js中，支持使用axios作为Vue.js应用提供HTTP客户端功能。

axios包含以下特性：

- 处理从浏览器发出的XMLHttpRequest请求；
- 处理从Node.js发出的HTTP请求；
- 支持Promise 接口；
- 能够拦截请求和响应；
- 能够转换请求数据和响应数据；
- 支持取消请求；
- 支持JSON数据的自动转换；
- 客户端支持防御XSRF（Cross-Site Request Forgery，跨域请求伪造）攻击。

要在Vue.js中使用axios，需要引入vue-axios框架。安装vue-axios框架非常简单，只需要在应用根目录下执行以下命令即可。

```
npm install --save axios vue-axios
```

## 10.2 认识网络资源

为了演示如何通过HTTP客户端来获取网络资源，笔者在互联网上找到了一个简单的接口。该资源的地址为https://waylau.com/data/people.json。当访问该资源时，可以返回如下的JSON数据。

```
[{"name": "Michael"},
{"name": "Andy Huang","age": 25,"homePage": "https://waylau.com/books"},
{"name": "Justin","age": 19},
{"name": "Way Lau","age": 35,"homePage": "https://waylau.com"}]
```

其中：

- name代表用户的姓名；
- age代表用户的年龄；
- homePage代表用户的主页。

# 10.3 实例31：获取接口数据

本节演示如何通过vue-axios来获取接口数据。

本节示例源码可以在“vue-axios-demo”应用中找到。

## 10.3.1 引入vue-axios

为了引入vue-axios框架，在应用根目录下执行如下命令。

```
npm install --save axios vue-axios
```

## 10.3.2 获取接口数据

修改App.vue文件如下：

```
<script lang="ts">
import { Vue } from "vue-class-component";
import axios from "axios";

export default class App extends Vue {
  // 人员信息列表
  private peopleArray: any[]=[];

  // 接口地址
  private apiUrl:string="https://waylau.com/data/people.json";

  // 初始化时就要获取数据
  mounted() {
    this.getData();
  }

  getData() {
    axios
      .get(this.apiUrl)
```

```
        .then((response) => (this.peopleArray = response.data));
    }
  }
</script>
```

在上述修改中：

- peopleArray变量定义了人员信息列表；
- 在类文件初始化时，会执行mounted生命周期钩子，同时会调用getData()方法；
- getData()方法会通过axios访问apiUrl的地址，从而获取到从该地址返回的JSON数据。

修改App.vue文件中的模板信息如下：

```
<template>
  <div>
    <!-- 使用v-for遍历数组 -->
    <h1>人员信息列表：</h1>
    <ul>
      <li v-for="people in peopleArray" :key="people">
        {{ people.name }} {{ people.age }} {{ people.homePage }}
      </li>
    </ul>

  </div>
</template>
```

上述模板信息比较简单，用于将peopleArray中的数据遍历显示出来。

## 10.3.3 运行应用

运行应用后可以看到界面效果如图10-1所示。

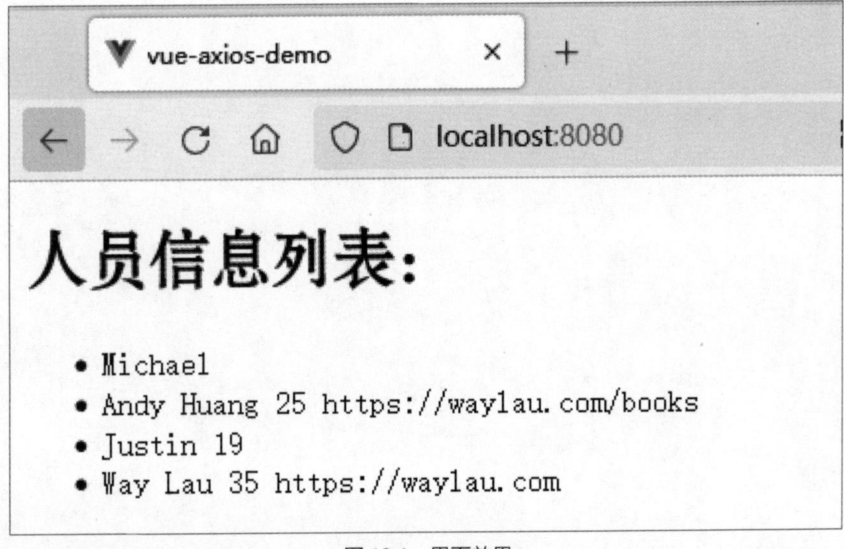


图 10-1　界面效果

## 10.4 本章小结

本章介绍了如何通过vue-axios来访问HTTP 资源。

## 10.5 习题

请编写一个示例，通过vue-axios来访问指定的HTTP资源。

# 第11章 Spring Boot概述

本章介绍Spring Boot的基础概念及基本用法。

## 11.1 传统企业级应用开发的痛点与革新

作为一门“长寿”的编程语言，Java语言经历了多年的发展，已然成为开发人员编程时首选的“利器”。在最新的TIOBE编程语言排行榜中，Java位居前列。回顾过去，Java语言在TIOBE编程语言排行榜中一直名列前茅。图11-1展示的是2023年6月TIOBE编程语言排行榜。

| Jun 2023 | Jun 2022 | Change | Programming Language | Ratings | Change |
|---|---|---|---|---|---|
| 1 | 1 | | Python | 12.46% | +0.26% |
| 2 | 2 | | C | 12.37% | +0.46% |
| 3 | 4 | ↑ | C++ | 11.36% | +1.73% |
| 4 | 3 | ↓ | Java | 11.28% | +0.81% |
| 5 | 5 | | C# | 6.71% | +0.59% |
| 6 | 6 | | Visual Basic | 3.34% | -2.08% |
| 7 | 7 | | JavaScript | 2.82% | +0.73% |
| 8 | 13 | ⇈ | PHP | 1.74% | +0.49% |
| 9 | 8 | ↓ | SQL | 1.47% | -0.47% |
| 10 | 9 | ↓ | Assembly language | 1.29% | -0.56% |

图 11-1　2023 年 6 月 TIOBE 编程语言排行榜

然而，作为当今企业级应用开发的首选编程语言，Java的发展并非一帆风顺。

### 11.1.1 Java大事件

1991年，Sun公司准备用一种新的语言来实现智能家电（如机顶盒）的程序开发。“Java

之父”James Gosling（詹姆斯·戈斯林）创造了一种全新的语言，并将其命名为“Oak”（橡树，即他办公室外面的树）。然而，由于当时的机顶盒项目并没有竞标成功，于是Oak被阴差阳错地应用到万维网。

1994年，Sun公司的工程师编写了一个小型万维网浏览器WebRunner（后来改名为 HotJava），该浏览器可以直接用来运行Java小程序（Java Applet）。

1995年，Oak改名为Java。由于Java Applet可以实现一般网页所不能实现的效果，从而引来业界对Java的热捧，因此当时很多操作系统都预装了JVM。

1997年4月2日，JavaOne会议召开，参与者逾1万人，创下当时全球同类会议的规模纪录。

1998年12月8日，Java 2企业平台J2EE发布，标志着Sun公司正式进军企业级应用开发领域。

1999年6月，随着Java的快速发展，Sun公司将Java分为3个版本，即标准版（J2SE）、企业版（J2EE）和微型版（J2ME）。从这3个版本的划分可以看出，当时Java语言的目标是覆盖桌面应用、服务器端应用及移动端应用3个领域。

2004年9月30日，J2SE 1.5发布，成为Java语言发展史上的又一里程碑。为了凸显该版本的重要性，J2SE 1.5被更名为Java SE 5.0。

2005年6月，JavaOne会议召开，Sun公司发布Java SE 6。此时，Java的各种版本已经更名，取消其中的数字“2”，即J2EE被更名为Java EE，J2SE被更名为Java SE，J2ME被更名为Java ME。

2009年4月20日，Oracle公司以74亿美元收购了Sun公司，从此Java归属于Oracle公司。

2011年6月中旬，Oracle公司正式发布Java EE 7。该版本的目标在于提高开发人员的生产力，满足企业的需求。

2011年7月28日，Oracle公司发布Java 7正式版。该版本新增了try-with-resources语句、增强switch-case语句、支持字符串类型等特性。

2014年3月19日，Oracle公司发布Java 8正式版。该版本中的Lambda表达式、Streams计算框架等广受开发人员关注。

由于Java 9中计划开发的模板化项目（或称Jigsaw）存在比较大的技术难度，JCP（Java Community Process）内部成员无法达成共识，因此该版本的发布一再延迟。Java 9及Java EE 8最终在2017年9月发布，并且Oracle公司宣布将Java EE 8移交给开源组织Eclipse基金会。同时，Oracle公司承诺，后续Java的发布频率调整为每半年一次。截至完稿时，Java最新的版本为Java 18。图11-2所示为Java EE 8整体架构。

| Java EE Web Profile | | | | |
|---|---|---|---|---|
| EJB 3.2 | JAX-RS 2.1 | JAX-WS 2.2 | JACC 1.5 | JDBC 4.2 |
| JPA 2.2 | JSON-P 1.1 | Web Services 1.4 | JAAS 1.0 | JTS 1.0 |
| Bean Validation 2.0 | JSON-B 1.0 | JAX-RPC 1.1 | JNDI 1.2 | Concurrency 1.0 |
| JTA 1.2 | CDI 2.0 | SAAJ 1.3 | JMX 1.2 | Batch 1.0 |
| Servlet 4.0 | DI 1.0 | JAX-R 1.0 | Deployment 1.2 | JMS 2.0 |
| JSP 2.3 | Annotations 1.3 | JAXB 2.2 | Management 1.1 | Connector 1.7 |
| EL 3.0 | Managed Beans 1.0 | JAX-P 1.3 | | Mail 1.6 |
| JSTL 1.2 | Interceptors 1.2 | StAX 1.0 | | Activation 1.1 |
| JSF 2.3 | Security 1.0 | | | |
| WebSocket 1.1 | JASPIC 1.1 | | | |

图 11-2 Java EE 8 整体架构

有关Java的内容，读者可以参阅笔者所著的《Java核心编程》《轻量级Java EE企业应用开发实战》。

### 11.1.2 Java企业级应用开发的痛点

Java EE作为Java企业级应用开发的规范，从诞生之初就饱受争议，特别是以EJB作为Java企业级应用开发的核心，由于其设计的复杂性，它在Java EE架构中的表现一直不是很好。EJB大概是Java EE架构中唯一没有兑现其能够实现简单开发并提高生产力承诺的组件。

当Java开发人员已经无法忍受“臃肿不堪”的EJB的时候，Spring应运而生。Spring框架消除了传统EJB开发模式中以Bean为重心的强耦合、强侵入性的弊端，采用依赖注入和AOP（Aspect-Oriented Programming，面向方面的程序设计）等技术来解耦对象间的依赖关系，且无须继承复杂的Bean，只要使用POJO，就能快速实现企业级应用的开发。为此，“Spring 之父”Rod Johnson（罗德·约翰逊）还特意撰写了*Expert one-on-one J2EE Development without EJB*一书，在业界掀起了以Spring为核心的轻量级应用开发的狂潮。

Spring框架最初的Bean管理是通过XML文件来描述的。然后随着业务的增加，应用里面存在大量的XML配置，这些配置包括Spring框架自身的Bean配置，还包括其他框架的集成配置等，到最后XML文件会变得臃肿不堪、难以阅读和管理。此外，XML文件内容本身不像Java文件内容一样能够在编译期事先做类型校验，所以开发人员很难排查XML文件中的错误配置。

以下展示的是在Spring应用中非常常见的通过XML文件配置、管理Bean的方式。

```
<beans xmlns="http://www.springframework.org/schema/beans"
    xmlns:xsi="http://www.w3.org/2001/XMLSchema-instance"
    xmlns:p="http://www.springframework.org/schema/p"
    xsi:schemaLocation="http://www.springframework.org/schema/beans
        http://www.springframework.org/schema/beans/spring-beans.xsd">

    <bean name="john-classic" class="com.example.Person">
        <property name="name" value="Way Lau"/>
        <property name="spouse" ref="jane"/>
    </bean>

    <bean name="john-modern"
        class="com.example.Person"
        p:name="Way Lau"
        p:spouse-ref="jane"/>

    <bean name="jane" class="com.example.Person">
        <property name="name" value="Jane Doe"/>
    </bean>
</beans>
```

### 11.1.3 革新

针对上面传统企业级应用开发过程中的痛点，Java以及Spring框架都进行了革新。例如，Java 5引入的注解技术就能很好地描述Java程序；EJB 3也从Hibernate等框架吸收了大量的精华（甚至请

Hibernate的作者来设计EJB 3），从而极大改善其实体Bean强耦合的现状；从Spring 3开始，Spring引入了Java配置的方式来管理Bean，从而大量减少了XML文件的数量，甚至实现了零配置。

## 11.1.4 约定大于配置

实现程序的零配置，其核心思想就是“约定大于配置”（Convention Over Configuration）。约定大于配置是一个简单的概念，即系统、类库、框架等应该提供合理的默认值，而无须提供不必要的配置。在大部分情况下，你会发现使用框架提供的默认值能让你的应用运行得更快。

零配置并不是完全没有配置，而是通过约定来减少配置，特别是减少XML文件的数量。

实现约定大于配置主要从以下几个方面入手。

**1．约定代码结构或命名规范来减少配置数量**

如果模型中有一个名为Sale的类，那么数据库中对应的表就会默认命名为sale。只有在偏离这一约定时，例如将该表命名为“products_sold”，才需要写有关这个名称的配置。

例如用EJB 3将一个特殊的Bean持久化，你所需要做的只是将这个类用@Entity标注，EJB 3将会假定表名和列名是基于类名和属性名的。EJB 3也提供了一些钩子，当需要的时候，你可以重写这些钩子的名称。下面是一个表与实体映射的例子：

```
@Entity // 实体
public class User implements UserDetails {
    private static final long serialVersionUID=1L;

    @Id // 主键
    @GeneratedValue(strategy=GenerationType.IDENTITY) // 自增策略
    private Long id; // 实体的唯一标识

    @Column(nullable=false, length=20) // 映射为字段，值不能为空
    private String name;

    @Column(nullable=false, length=50, unique=true)
    private String email;

    // 以下省略getter/setter方法
}
```

例如Maven应用约定，在没有自定义配置的情况下，假定源码在 /src/main/java目录，资源文件在/src/main/resources目录，测试代码在 /src/test目录，并且假定应用会产生一个JAR文件。Maven假定你想要把编译好的字节码放到 /target/classes 并且在 /target 下创建一个可分发的JAR文件。Maven对约定大于配置的应用做的事不仅仅是简单地假定目录位置，Maven的核心插件使用了一组通用的约定来编译源码、打包可分发的构件、生成Web站点，以及完成许多其他任务。Maven的“力量”来自它的“武断”，它有一个定义好的生命周期和一组知道如何构建、装配软件的通用插件。如果你遵循这些约定，你只需要做很少的工作——仅仅是将你的源码放到正确的目录，Maven将会帮你处理剩下的事情。

例如使用Yeoman创建应用，只需一行代码：

```
yeoman init angular
```

上述代码就会创建整个应用的详细结构，包括渲染路由的骨架、单元测试等。

例如HTML5 Boilerplate应用提供了制作App的默认模板以及文件路径规范，无论是网站还是富UI的App，都可以采用这个模板作为起步。HTML5 Boilerplate 的模板核心代码不过30行，但是每一行都可谓经过千锤百炼，可以用非常小的消耗解决一些前端的顽固问题。以下是HTML5 Boilerplate初始化应用的目录结构。

```
C:.
│  .gitattributes
│  .gitignore
│  .htaccess
│  404.html
│  apple-touch-icon-114x114-precomposed.png
│  apple-touch-icon-144x144-precomposed.png
│  apple-touch-icon-57x57-precomposed.png
│  apple-touch-icon-72x72-precomposed.png
│  apple-touch-icon-precomposed.png
│  apple-touch-icon.png
│  CHANGELOG.md
│  CONTRIBUTING.md
│  crossdomain.xml
│  favicon.ico
│  humans.txt
│  index.html
│  LICENSE.md
│  README.md
│  robots.txt
│
├─ css
│      main.css
│      normalize.css
│
├─ doc
│      crossdomain.md
│      css.md
│      extend.md
│      faq.md
│      html.md
│      js.md
│      misc.md
│      TOC.md
│      usage.md
│
├─ img
│      .gitignore
│
└─js
    │  main.js
    │  plugins.js
    │
```

```
    └─vendor
            jquery-1.9.1.min.js
            modernizr-2.6.2.min.js
```

**2．采用更简洁的配置方式来替代使用 XML文件**

很多配置方式都比使用XML文件更简洁。

例如，hibernate.properties的配置方式：

```
hibernate.connection.driver_class=org.postgresql.Driver
hibernate.connection.url=jdbc:postgresql://localhost/mydatabase
hibernate.connection.username=myuser
hibernate.connection.password=secret
hibernate.c3p0.min_size=5
hibernate.c3p0.max_size=20
hibernate.c3p0.timeout=1800
hibernate.c3p0.max_statements=50
hibernate.dialect=org.hibernate.dialect.PostgreSQL82Dialect
```

例如，Apache Shiro的ini配置方式：

```
[users]
root=secret, admin
guest=guest, guest
presidentskroob=12345, president
darkhelmet=ludicrousspeed, darklord, schwartz
lonestarr=vespa, goodguy, schwartz

[roles]
admin=*
schwartz=lightsaber:*
goodguy=winnebago:drive:eagle5
```

例如，Hibernate 通过 Java 代码来进行配置：

```
Configuration cfg=new Configuration()
    .addClass(org.hibernate.auction.Item.class)
    .addClass(org.hibernate.auction.Bid.class)
    .setProperty("hibernate.dialect", "org.hibernate.dialect.MySQLInnoDBDialect")
    .setProperty("hibernate.connection.datasource", "java:comp/env/jdbc/test")
    .setProperty("hibernate.order_updates", "true");
```

**3．用Gradle替代Maven**

大部分Java应用都采用Maven来进行软件的应用管理，但目前已经有了更好的选择，例如Gradle。观察下面Maven的配置：

```
<parent>
    <groupId>org.springframework.boot</groupId>
    <artifactId>spring-boot-starter-parent</artifactId>
    <version>2.6.6</version>
```

```
</parent>
<dependencies>
    <dependency>
        <groupId>org.springframework.boot</groupId>
        <artifactId>spring-boot-starter-web</artifactId>
    </dependency>
</dependencies>
```

如果采用Gradle来配置，只需一行代码：

```
compile("org.springframework.boot:spring-boot-starter-web:2.6.6")
```

从这个例子就能看出XML文件对于Gradle的配置脚本而言，是多么低效和冗余。

注意

本书所有的示例都采用Gradle来进行应用的管理。如有需要，读者可以将应用源码自行转换为采用Maven等方式来管理。

**4．通过注解来减少配置数量**

Spring会自动搜索某些路径下的Java类，并将这些Java类注册为Bean实例，这样就省去了将所有Bean都配置在XML文件中的工作。

```
<?xml version="1.0" encoding="UTF-8"?>
<beans xmlns="http://www.springframework.org/schema/beans"
    xmlns:xsi="http://www.w3.org/2001/XMLSchema-instance"
    xmlns:context="http://www.springframework.org/schema/context"
    xsi:schemaLocation="http://www.springframework.org/schema/beans
        http://www.springframework.org/schema/beans/spring-Beans.xsd
        http://www.springframework.org/schema/context
        http://www.springframework.org/schema/context/spring-context.xsd">
    <context:component-scan base-package="com.waylau.rest"/>
</beans>
```

注意

如果配置了<context:component-scan/>，那么<context:annotation-config/>标签就可以不用在XML文件中配置了，因为前者包含后者。另外，<context:component-scan/>还提供了两个子标签<context:include-filter>、<context:exclude-filter>，它们用来控制扫描文件的颗粒度，例如：

```
<beans>
    <context:component-scan base-package="com.waylau.rest">
    <context:include-filter type="regex" expression=".*Stub.*Repository"/>
    <context:exclude-filter type="annotation"expression="org.springframework.
stereotype.Repository"/>
    </context:component-scan>
</beans>
```

如果采用Java代码来配置，其实现如下：

```
    public static void main(String[] args) {
        AnnotationConfigApplicationContext ctx=new AnnotationConfigApplication-
Context();
        ctx.scan("com.waylau.rest");
        ctx.refresh();
        MyService myService=ctx.getBean(MyService.class);
    }
```

Spring会将显示在指定路径下的类全部注册成Spring Bean。Spring通过使用以下特殊的注解来标注Bean类。

- @Component：标注一个普通的Spring Bean类。
- @Controller：标注一个控制器组件类。
- @Service：标注一个服务组件类。
- @Repository：标注一个仓库组件类。

有些注解甚至可以注解SQL语句：

```
    @Entity
    @Table(name="USER")
    @SQLInsert(sql="INSERT INTO USER(size, name, nickname, id) VALUES(?,upper(?),
?,?)")
    @SQLUpdate(sql="UPDATE USER SET size=?, name=upper(?), nickname=? WHERE id =
?")
    @SQLDelete(sql="DELETE USER WHERE id = ?")
    @SQLDeleteAll(sql="DELETE USER")
    @Loader(namedQuery="user")
    @NamedNativeQuery(name="user", query="select id, size, name, lower(nickname)
as nickname from USER where xml:id=?", resultClass=USER.class)
    public class USER {
        @Id
        private Long id;
        private Long size;
        private String name;
        private String nickname;
        ...
    }
```

以下是Jersey 2.x通过注解方式来实现REST（Representational State Transfer，描述性状态转移）和MVC模式的代码：

```
    @POST
    @Produces({"text/html"})
    @Consumes(MediaType.APPLICATION_FORM_URLENCODED)
    @Template(name="/short-link")
    @ErrorTemplate(name="/error-form")
    @Valid
    public ShortenedLink createLink(@NotEmpty @FormParam("link") final String
link) {
        ...
    }
```

以下是Shiro没有使用注解的情况：

```
Subject currentUser=SecurityUtils.getSubject();
if (currentUser.hasRole("administrator")) {
    ...
} else {
    ...
}
```

用了注解，整段代码都简洁很多：

```
@RequiresRoles("administrator")
public void openAccount(Account acct) {
    ...
}
```

当年十分流行的SSH（Secure Shell，安全外壳）框架之一的Struts 2.x也支持注解：

```
package com.waylau.actions;

import com.opensymphony.xwork2.ActionSupport;
import org.apache.struts2.convention.annotation.Action;
import org.apache.struts2.convention.annotation.Actions;
import org.apache.struts2.convention.annotation.Result;
import org.apache.struts2.convention.annotation.Results;

@Results({
    @Result(name="failure", location="fail.jsp")
})
public class HelloWorld extends ActionSupport {
    @Action(value="/different/url",
    results={@Result(name="success", location="http://struts.apache.org",
type="redirect")}
    )
    public String execute() {
    return SUCCESS;
    }

    @Action("/another/url")

    public String doSomething() {
    return SUCCESS;
    }
}
```

**5. 定制开箱即用的Starter**

Spring Boot提供各种开箱即用的Starter，旨在最大化地减少应用的配置。例如，spring-boot-starter-web 就提供了全栈式Web开发的支持，其默认配置已经包括 Tomcat、Spring MVC、Hibernate 等常用的Web开发框架的集成。用户需要做的仅仅是将spring-boot-starter-web依赖包纳入代码：

```
dependencies {
    compile("org.springframework.boot:spring-boot-starter-web:2.6.6")
}
```

# 11.2 Spring Boot 2总览

Spring Boot可以说是近几年来Spring社区乃至整个Java社区中最有影响力的应用之一，也被视为Java EE开发的“颠覆者”，它是下一代企业级应用开发的首选框架。Spring Boot是伴随着Spring 4而诞生的，继承了Spring的一切优点，其最大的特色就是简化了Spring应用的集成、配置、开发，提供开箱即用的极速开发体验。所以Spring Boot一经推出，就引起了巨大的反响，受到了业界极大的关注，并在2016年10月11日获得了JAX Innovation Awards 2016大奖。同时，Spring Boot以其快速的开发方式、极简的启动配置深受广大Java开发爱好者的好评，在GitHub上的点赞量已经超过了14000。

接下来我们讨论一下Spring Boot产生的背景。

## 11.2.1 解决传统Spring开发过程中的痛点

正如11.1节所介绍的，多年以来，传统企业级应用开发中存在很多痛点，其中，Spring框架饱受争议的原因之一就是大量的XML配置文件以及复杂的依赖管理。随着Spring 3.0的发布，Spring团队逐渐开始摆脱XML配置文件，并且在开发过程中大量使用“约定大于配置”的方法（大部分情况下就是JavaConfig的方式）来摆脱Spring框架中各类纷繁复杂的配置。

Spring Boot正是在这样的背景下被抽象出来的开发框架，它本身并不提供Spring框架的核心特性以及扩展功能，只用于快速、敏捷地开发新一代基于Spring框架的应用程序。也就是说，它并不是用来替代Spring的解决方案，而是与Spring框架紧密结合、用于提升Spring开发人员体验的工具。同时，Spring Boot集成了大量常用第三方依赖库的配置，为这些第三方库提供了几乎零配置的开箱即用的功能。这样大部分的Spring Boot应用只需要非常少的配置代码，使得开发人员能够更加专注于业务逻辑，无须做诸如框架的整合等只有高级开发人员或者高级架构师才能胜任的工作。

从根源上来讲，Spring Boot就是一些依赖库的集合，它能够被任意应用的构建系统所使用。在追求开发体验的提升方面，Spring Boot，甚至可以说整个Spring生态系统都使用了Groovy编程语言。Spring Boot所提供的众多便捷功能，都是借助于Groovy强大的 MetaObject协议、可插拔的AST（Abstract Syntax Tree，抽象语法树）转换过程以及内置解决方案引擎实现的依赖。在其核心的编译模型之中，Spring Boot使用Groovy来构建工程文件，所以它可以使用通用的导入方法和样板方法（如类的main()方法）对类所生成的字节码进行装饰（Decorate）。这样使用Spring Boot编写的应用非常简洁，却依然可以提供众多的功能。

## 11.2.2 Spring Boot的目标

Spring Boot简化了基于Spring的应用开发，通过少量的代码就能创建一个独立的、产品级的Spring应用。Spring Boot为Spring框架及第三方库提供开箱即用的设置，这样你就可以有条不紊地进行应用的开发。多数Spring Boot应用只需要很少的Spring配置。

我们可以使用Spring Boot创建Java应用，并使用java -jar或者传统的WAR部署方式启动它。同时Spring Boot提供了一个运行Spring脚本的命令行工具。

Spring Boot的主要目标包括以下几个。

- 为所有Spring开发人员提供更快、更广泛的入门方式。
- 支持开箱即用，在使用不合适时可以快速抛弃。
- 提供一系列大型应用常用的非功能性特征，例如嵌入式服务器、安全性、运行状况检查、外部化配置等。
- 实现零配置、无冗余代码生成和XML强制配置，遵循“约定大于配置”。

Spring Boot内嵌Tomcat、Jetty、Undertow等容器以支持开箱即用。

当然，我们也可以将Spring Boot应用部署到任何兼容Servlet 3.0+的容器。需要注意的是，Spring Boot 2要求Java版本不低于Java 8。

简而言之，Spring Boot抛弃了传统Java EE烦琐的配置、学习过程，让开发过程变得更简单。

## 11.2.3 Spring Boot不是替代者

Spring Boot并不是要成为Spring里面众多“基础层”（Foundation）应用的替代者。Spring Boot的目标不在于为已解决的问题域提供新的解决方案，而在于为开发人员带来另一种开发体验，简化对已有Spring技术的使用。对于已经熟悉Spring生态系统的开发人员来说，Spring Boot是一个很理想的选择；而对于采用Spring技术的新人来说，Spring Boot提供一种更简洁的方式来使用这些技术。图11-3展示了Spring Boot与其他框架的关系。

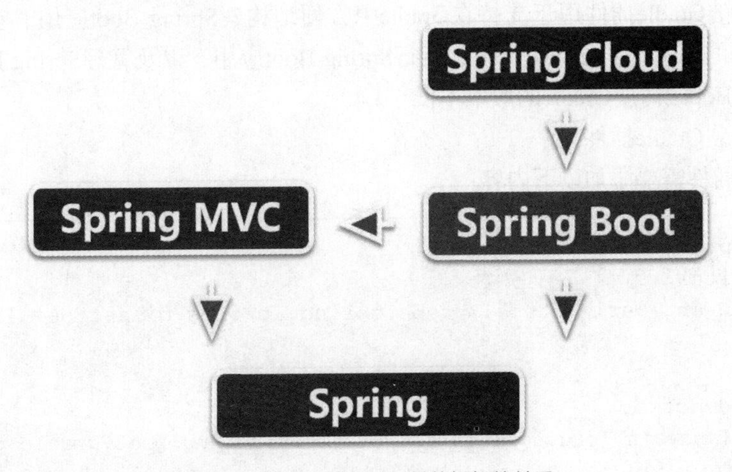


图 11-3　Spring Boot 与其他框架的关系

**1．Spring Boot与Spring框架的关系**

Spring框架通过IoC（Inversion of Control，控制反转）机制来管理Bean。Spring Boot依赖Spring

框架来管理对象的依赖。Spring Boot并不是Spring的精简版本，而是用于为开发人员使用Spring做好各种产品级准备。

**2．Spring Boot与Spring MVC框架的关系**

Spring MVC框架可以实现Web应用中的MVC模式。如果Spring Boot是一个Web应用，此时可以选择采用Spring MVC来实现MVC模式，当然也可以选择其他类似的框架来实现。

**3．Spring Boot与Spring Cloud框架的关系**

Spring Cloud框架可以实现一整套分布式系统的解决方案（其中包括微服务架构的方案），包括服务注册、服务发现、服务监控等，而Spring Boot只作为开发单一服务的Spring Cloud框架的基础。

## 11.2.4 Spring Boot 2新特性

目前，Spring Boot团队已经紧锣密鼓地开发Spring Boot 2版本。截至完稿时，Spring Boot最新版本为2.6.6。本书的所有示例源码都是基于当时最新的Spring Boot 2来编写的。

Spring Boot 2相比于Spring Boot 1增加了如下新特性。

- 对Gradle插件进行了重写。
- 基于Java 8和Spring 5。
- 响应式编程。响应式编程是对于数据流和传播改变的一种声明式的编程规范，它是基于异步和事件驱动的非阻塞程序。
- 对Spring Data、Spring Security、Spring Integration、Spring AMQP、Spring Session、Spring Batch等都做了更新。

**1．Gradle插件**

Spring Boot的Gradle插件用于支持在Gradle中方便地构建Spring Boot应用。它允许用户将应用打包成可执行的JAR文件或WAR文件、运行Spring Boot应用，以及管理Spring Boot文件中的依赖关系。Spring Boot 2需要Gradle的版本不低于3.4。

那么如何安装Gradle插件呢？

安装Gradle插件需要添加以下内容：

```
buildscript {
    repositories {
        maven { url 'https://repo.spring.io/libs-milestone' }
    }

    dependencies {
        classpath 'org.springframework.boot:spring-boot-gradle-plugin:2.6.6'
    }
}
apply plugin: 'org.springframework.boot'
```

独立地添加应用插件对应用的改动很少。同时，插件会检测何时应用某些插件，并会相应地进行响应。例如，当应用java插件时，Spring Boot将自动配置用于构建可执行JAR文件的任务。

一个典型的Spring Boot应用将至少应用groovy插件、java插件或org.jetbrains.kotlin.jvm插件、io.spring.dependency-management插件。例如：

```
apply plugin: 'java'
apply plugin: 'io.spring.dependency-management'
```

使用Gradle插件来运行Spring Boot应用，只需简单地执行：

```
$ ./gradlew bootRun
```

**2．基于Java 8和Spring 5**

Spring Boot 2基于Java 8和Spring 5，这意味着Spring Boot 2拥有构建现代应用的能力。

Java 8中的Streams接口、Lambda表达式等都极大地改善了用户的开发体验，让编写并发程序更加容易。

核心的Spring 5已经利用Java 8所引入的新特性进行了修订。修订内容包括以下几个方面。

- 基于Java 8的反射增强，Spring 5中的方法参数可以更加高效地进行访问。
- 接口提供基于Java 8的默认方法构建的选择性声明。
- 支持候选组件索引作为类路径扫描的替代方案。
- 最为重要的是，Spring 5推出新的响应式Web框架。这个Web框架是完全响应式且非阻塞的，适用于事件循环风格的处理，且可以进行少量线程的扩展。

有关Spring 5方面的内容，读者可以参见笔者所著的《Spring 5 开发大全》。

总之，Spring Boot 2让开发企业级应用更加简单，开发人员可以更加方便地构建响应式编程模型。

**3．Spring Boot周边技术栈的更新**

相应地，Spring Boot 2更新了周边技术栈，对Spring Data、Spring Security、Spring Integration、Spring AMQP、Spring Session、Spring Batch等都做了更新，也尝试使用了其他第三方依赖库的最新版本，例如Spring Data Elasticsearch、Spring Data MongoDB等。

使用Spring Boot 2使你有机会接触前沿的技术框架。

## 11.3 实例32：快速开启第一个Spring Boot项目

本节将带领各位读者快速开启第一个Spring Boot项目。使用Spring Boot可以最大化地减少项目的配置，真正做到开箱即用。现在，就来给大家演示如何创建第一个Spring Boot项目。

本节示例源码在“initializr-start”目录下。

### 11.3.1 配置环境

本例采用的开发环境如下：

- JDK 8；
- Gradle 7.4.2。

对于上述两个工具的安装，读者可以参阅笔者所写的《Java 编程要点》和《Gradle 用户指南》。

检查JDK（Java Development Kit，Java开发包）版本，确保不低于JDK 8：

```
$ java -version
java version "1.8.0_291"
Java(TM) SE Runtime Environment (build 1.8.0_291-b10)
Java HotSpot(TM) 64-Bit Server VM (build 25.291-b10, mixed mode)
```

检查 Gradle 版本：

```
$ gradle -v

Welcome to Gradle 7.4.2!

Here are the highlights of this release:
 - Aggregated test and JaCoCo reports
 - Marking additional test source directories as tests in IntelliJ
 - Support for Adoptium JDKs in Java toolchains

For more details see https://docs.gradle.org/7.4.2/release-notes.html


------------------------------------------------------------
Gradle 7.4.2
------------------------------------------------------------

Build time:   2022-03-31 15:25:29 UTC
Revision:     540473b8118064efcc264694cbcaa4b677f61041

Kotlin:       1.5.31
Groovy:       3.0.9
Ant:          Apache Ant(TM) version 1.10.11 compiled on July 10 2021
JVM:          1.8.0_291 (Oracle Corporation 25.291-b10)
OS:           Windows 10 10.0 amd64
```

### 11.3.2 通过Spring Initializr初始化一个Spring Boot应用原型

Spring Initializr是用于初始化Spring Boot应用的可视化平台。虽然通过Maven或者Gradle来添加Spring Boot提供的Starter的操作非常简单，但是由于组件和关联部分众多，这样一个可视化的平台对于用户来说非常友好。下面将演示如何通过Spring Initializr初始化一个Spring Boot应用原型。

访问Spring提供的Spring Initializr官方网站（当然，你也可以搭建自己的Spring Initializr平台），按照页面提示，输入相应的应用元数据（Project Metadata），并选择依赖。由于我们要初始化一个Web应用，因此在依赖库的搜索框中选择“Spring Web”选项。该应用将会采用Spring MVC作为MVC框架，并且集成Tomcat作为内嵌的Web容器。图11-4 展示了Spring Initializr的管理界面。

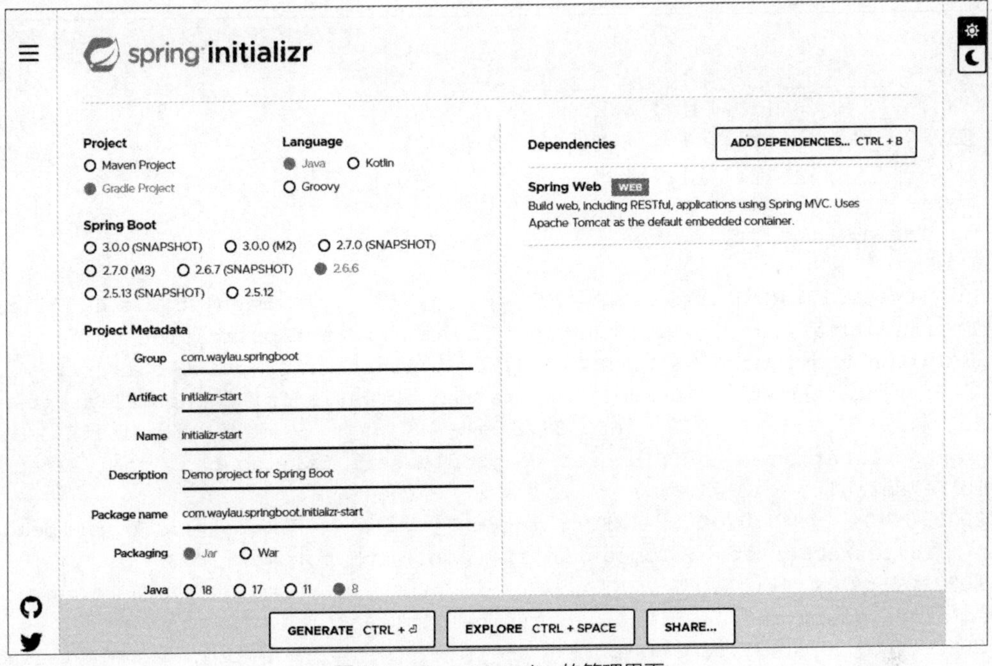


图 11-4 Spring Initializr 的管理界面

这里我们采用Gradle作为应用管理工具，Spring Boot版本为“2.6.6”，Group的信息填为“com.waylau.springboot”，Artifact填为“initializr-start”；Description是指项目的描述，非必填项；Package name是包名，在指定Group和Artifact后自动生成。最后，单击“GENERATE”按钮，此时，可以下载以“initializr-start”命名的ZIP包。该压缩包包含这个应用原型的所有源码以及配置。

## 11.3.3 用Gradle编译应用

在应用的根目录initializr-start下，执行gradle build来对应用进行编译，编译过程如下：

```
$ gradle build

BUILD SUCCESSFUL in 2m 15s
7 actionable tasks: 7 executed
```

在编译开始阶段，Gradle会解析应用配置文件，而后去找相关的依赖，并将其下载到本地。下载速度快慢取决于你本地的网络速度。控制台会输出整个下载、编译过程中的信息。最后，看到“BUILD SUCCESSFUL”字样，证明项目已经编译成功了。

我们回到应用的根目录下，可以发现多出了一个build目录。在build/libs下可以看到 initializr-start-0.0.1-SNAPSHOT.jar，该文件就是我们的应用编译后生成的可执行文件。通过下面的命令来运行该文件：

```
java -jar build/libs/initializr-start-0.0.1-SNAPSHOT.jar
```

成功运行后，可以在控制台看到如下输出：

```
  .   ____          _            __ _ _
 /\\ / ___'_ __ _ _(_)_ __  __ _ \ \ \ \
( ( )\___ | '_ | '_| | '_ \/ _` | \ \ \ \
 \\/  ___)| |_)| | | | | || (_| |  ) ) ) )
  '  |____| .__|_| |_|_| |_\__, | / / / /
 =========|_|==============|___/=/_/_/_/
 :: Spring Boot ::                (v2.6.6)

   2022-04-09 14:48:06.069  INFO 3776 --- [           main] c.w.s.i.Initia-
lizrStartApplication        : Starting InitializrStartApplication using Java
1.8.0_291 on RedmiBookofWS with PID 3776 (D:\initializr-start\build\libs\
initializr-start-0.0.1-SNAPSHOT.jar started by wayla in D:\initializr-start)
   2022-04-09 14:48:06.072  INFO 3776 --- [           main] c.w.s.i.Initial-
izrStartApplication        : No active profile set, falling back to 1 default
profile: "default"
   2022-04-09 14:48:07.058  INFO 3776 --- [           main] o.s.b.w.embedded.
tomcat.TomcatWebServer  : Tomcat initialized with port(s): 8080 (http)
   2022-04-09 14:48:07.076  INFO 3776 --- [           main] o.apache.catalina.
core.StandardService   : Starting service [Tomcat]
   2022-04-09 14:48:07.077  INFO 3776 --- [           main] org.apache.catalina.
core.StandardEngine  : Starting Servlet engine: [Apache Tomcat/9.0.60]
   2022-04-09 14:48:07.179  INFO 3776 --- [           main]
o.a.c.c.C.[Tomcat].[localhost].[/]       : Initializing Spring embedded
WebApplicationContext
   2022-04-09 14:48:07.179  INFO 3776 --- [           main] w.s.c.ServletWeb
ServerApplicationContext : Root WebApplicationContext: initialization
completed in 1063 ms
   2022-04-09 14:48:07.527  INFO 3776 --- [           main] o.s.b.w.embedded.
tomcat.TomcatWebServer  : Tomcat started on port(s): 8080 (http) with context
path ''
   2022-04-09 14:48:07.535  INFO 3776 --- [           main] c.w.s.i.Initiali-
zrStartApplication       : Started InitializrStartApplication in 1.81 seconds
(JVM running for 2.187)
```

我们从输出内容可以看到，该应用使用的容器是Tomcat，使用的端口号是8080。

按“Ctrl + C”组合键，可以关闭该应用。

## 11.3.4 探索应用

在运行应用后，在浏览器中访问 http://localhost:8080/，我们可以得到如下信息。

```
   Whitelabel Error Page

   This application has no explicit mapping for /error, so you are seeing this
as a fallback.
   Sat Apr 09 14:49:11 CST 2022
   There was an unexpected error (type=Not Found, status=404).
```

由于在我们的应用里面还没有任何请求处理程序，因此Spring Boot会返回上述默认错误提示信息。

我们观察一下initializr-start应用的目录结构：

```
initializr-start
│  .gitignore
│  build.gradle
│  gradlew
│  gradlew.bat
│  HELP.md
│  settings.gradle
│  tree.txt
│
├─.gradle
│  │  file-system.probe
│  │
│  ├─7.4.2
│  │  │  gc.properties
│  │  │
│  │  ├─checksums
│  │  │      checksums.lock
│  │  │      md5-checksums.bin
│  │  │      sha1-checksums.bin
│  │  │
│  │  ├─dependencies-accessors
│  │  │      dependencies-accessors.lock
│  │  │      gc.properties
│  │  │
│  │  ├─executionHistory
│  │  │      executionHistory.bin
│  │  │      executionHistory.lock
│  │  │
│  │  ├─fileChanges
│  │  │      last-build.bin
│  │  │
│  │  ├─fileHashes
│  │  │      fileHashes.bin
│  │  │      fileHashes.lock
│  │  │      resourceHashesCache.bin
│  │  │
│  │  └─vcsMetadata
│  ├─buildOutputCleanup
│  │      buildOutputCleanup.lock
│  │      cache.properties
│  │      outputFiles.bin
│  │
│  └─vcs-1
│          gc.properties
│
├─build
│  │  bootJarMainClassName
│  │
│  ├─classes
│  │  └─java
```

```
    │   │      ├─main
    │   │      │  └─com
    │   │      │      └─waylau
    │   │      │          └─springboot
    │   │      │              └─initializrstart
    │   │      │                     InitializrStartApplication.class
    │   │      │
    │   │      └─test
    │   │         └─com
    │   │             └─waylau
    │   │                 └─springboot
    │   │                     └─initializrstart
    │   │                            InitializrStartApplicationTests.class
    │   │
    │   ├─generated
    │   │  └─sources
    │   │      ├─annotationProcessor
    │   │      │  └─java
    │   │      │      ├─main
    │   │      │      └─test
    │   │      └─headers
    │   │         └─java
    │   │             ├─main
    │   │             └─test
    │   ├─libs
    │   │     initializr-start-0.0.1-SNAPSHOT-plain.jar
    │   │     initializr-start-0.0.1-SNAPSHOT.jar
    │   │
    │   ├─reports
    │   │  └─tests
    │   │      └─test
    │   │         │  index.html
    │   │         │
    │   │         ├─classes
    │   │         │      com.waylau.springboot.initializrstart.
InitializrStartApplicationTests.html
    │   │         │
    │   │         ├─css
    │   │         │      base-style.css
    │   │         │      style.css
    │   │         │
    │   │         ├─js
    │   │         │      report.js
    │   │         │
    │   │         └─packages
    │   │                 com.waylau.springboot.initializrstart.html
    │   │
    │   ├─resources
    │   │  └─main
    │   │      │  application.properties
    │   │      │
    │   │      ├─static
```

```
│   │       └─templates
│   ├─test-results
│   │   └─test
│   │       │  TEST-com.waylau.springboot.initializrstart.
InitializrStartApplicationTests.xml
│   │       │
│   │       └─binary
│   │               output.bin
│   │               output.bin.idx
│   │               results.bin
│   │
│   └─tmp
│       ├─bootJar
│       │       MANIFEST.MF
│       │
│       ├─compileJava
│       │       previous-compilation-data.bin
│       │
│       ├─compileTestJava
│       │       previous-compilation-data.bin
│       │
│       ├─jar
│       │       MANIFEST.MF
│       │
│       └─test
├─gradle
│   └─wrapper
│           gradle-wrapper.jar
│           gradle-wrapper.properties
│
└─src
    ├─main
    │   ├─java
    │   │   └─com
    │   │       └─waylau
    │   │           └─springboot
    │   │               └─initializrstart
    │   │                       InitializrStartApplication.java
    │   │
    │   └─resources
    │       │  application.properties
    │       │
    │       ├─static
    │       └─templates
    └─test
        └─java
            └─com
                └─waylau
                    └─springboot
                        └─initializrstart
                                InitializrStartApplicationTests.java
```

#### 1. build.gradle文件

在应用的根目录中，我们可以看到build.gradle文件，它是项目的构建脚本。Gradle是以Groovy语言为基础，面向Java应用，基于DSL（Domain Specific Language，领域特定语言）语法的自动化构建工具。Gradle集成了构建、测试、发布以及常用的其他功能，例如软件打包、生成注释文档等。跟以往的Maven等构建工具不同，Gradle的配置文件不需要烦琐的XML代码，它是简洁的Groovy语言脚本。

关于本应用的build.gradle文件中配置的含义，以下已经添加了详细注释。

```
// 使用的插件
plugins {
    id 'org.springframework.boot' version '2.6.6'
    id 'io.spring.dependency-management' version '1.0.11.RELEASE'
    id 'java'
}

group='com.waylau.springboot'

// 指定生成的编译文件的版本，默认打包为JAR包
version='0.0.1-SNAPSHOT'

// 指定编译Java文件的JDK版本
sourceCompatibility='1.8'

// 使用Maven中央仓库（也可以使用其他仓库）
repositories {
    mavenCentral()
}

// 指定依赖关系
dependencies {
    // 该依赖用于编译阶段
    implementation 'org.springframework.boot:spring-boot-starter-web'

    // 该依赖用于测试阶段
    testImplementation 'org.springframework.boot:spring-boot-starter-test'
}

// 使用测试
tasks.named('test') {
    useJUnitPlatform()
}
```

#### 2. gradlew和gradlew.bat

gradlew和gradlew.bat这两个文件是Gradle Wrapper用于构建应用的脚本。使用Gradle Wrapper的一个好处在于，应用组成员不必预先在本地安装好Gradle工具。在用Gradle Wrapper构建应用时，Gradle Wrapper首先会去检查本地是否存在Gradle，如果不存在，会根据配置文件里的Gradle的版本和发布包的位置来自动获取发布包并构建应用。使用Gradle Wrapper的另外一个好处在

于，所有的应用组成员能够统一应用所使用的Gradle版本，从而规避由于环境不一致导致的编译失败问题。对于Gradle Wrapper，在类似UNIX的环境（如Linux和macOS）下，直接运行gradlew文件，就会自动完成Gradle环境的搭建；而在Windows环境下，则需执行gradlew.bat文件。

**3．.gradle和build目录**

.gradle和build目录下都是在Gradle对应用进行构建后生成的目录、文件。

**4．gradle/wrapper目录**

Gradle Wrapper免去了用户在使用Gradle进行应用构建时需要安装Gradle的烦琐步骤。每个Gradle Wrapper都绑定到一个特定版本的Gradle，所以当用户第一次在给定Gradle版本下运行gradlew命令时，它将下载相应的Gradle发布包，并使用它来执行项目构建。默认Gradle发布包指向的是Gradle官网的Web服务地址，相关配置记录在gradle/wrapper目录下的gradle-wrapper.properties文件中。我们查看一下Spring Boot提供的Gradle Wrapper的配置，参数“distributionUrl”用于指定发布包的地址。

```
distributionBase=GRADLE_USER_HOME
distributionPath=wrapper/dists
distributionUrl=https\://services.gradle.org/distributions/gradle-7.4.2-bin.zip
zipStoreBase=GRADLE_USER_HOME
zipStorePath=wrapper/dists
```

从上述配置可以看出，当前Spring Boot采用的是Gradle 7.4.2。我们可以自行来修改Gradle版本和发布包存放的地址。例如，下面的例子指定了发布包的地址在本地的文件系统中。

```
distributionUrl=file\:/D:dev/java/gradle-7.4.2-all.zip
```

**5．src目录**

如果你用过Maven，那么肯定不会对src目录感到陌生。Gradle约定了该目录下的main目录下是程序的源码，test下是测试用的代码。

## 11.3.5 如何提升Gradle的编译速度

由于Gradle工具是“舶来品”，因此国人很多时候会觉得其编译速度非常慢。Gradle以及Maven中央仓库都是架设在国外的，在国内访问时，速度上会有一些限制。下面介绍几个配置技巧，以提升Gradle的构建速度。

**1．Gradle Wrapper指向本地文件**

正如之前我们提到的，使用Gradle Wrapper是为了便于统一Gradle版本。如果应用组成员都明确了Gradle Wrapper的配置，尽可能事先将 Gradle 放置到本地，而后修改Gradle Wrapper的配置，将参数“distributionUrl”指向本地文件，例如将 Gradle放置到D盘的某个目录。

```
#distributionUrl=https\://services.gradle.org/distributions/gradle-7.4.2-
bin.zip
```

可以改为以下本地文件：

```
distributionUrl=file\:/D:dev/java/gradle-7.4.2-all.zip
```

**2．使用国内Maven镜像仓库**

Gradle可以使用国内Maven镜像仓库，并且使用国内的Maven镜像仓库可以极大提升依赖库的下载速度。下面演示了使用自定义镜像的方法：

```
repositories {
    // mavenCentral()
    // 设置国内镜像
    maven { url "https://maven.aliyun.com/nexus/content/groups/public/" }
}
```

我们注释掉了下载缓慢的Maven中央仓库的代码，改用自定义的镜像仓库。

## 11.4 实例33：如何进行Spring Boot应用的开发及测试

在11.3节中介绍了如何使用Spring Initializr来初始化一个Spring Boot应用原型initializr-start。本节介绍在上述应用原型的基础上，编写一个最简单的Web应用。当访问应用时，界面会输出“Hello World”字样。

本节示例源码在“hello-world”目录下。

### 11.4.1 构建应用原型

与initializr-start应用类似，使用Spring Initializr来初始化一个名为hello-world的Spring Boot应用。

先尝试执行gradle build来对“hello-world”应用进行构建。如果构建成功，则说明构建信息编写正确。

```
$ gradle build

BUILD SUCCESSFUL in 6s
7 actionable tasks: 7 executed
```

### 11.4.2 编写程序代码

现在终于可以开始编写代码了。进入hello-world应用的src目录下，可以看到com.waylau.springboot.helloworld包以及 HelloWorldApplication.java 文件。

**1．观察HelloWorldApplication.java**

打开HelloWorldApplication.java 文件，观察以下代码。

```
package com.waylau.springboot.helloworld;
import org.springframework.boot.SpringApplication;
import org.springframework.boot.autoconfigure.SpringBootApplication;

@SpringBootApplication
public class HelloWorldApplication {
    public static void main(String[] args) {
        SpringApplication.run(HelloWorldApplication.class, args);
    }
}
```

首先看到的是@SpringBootApplication注解。经常使用Spring的开发人员总是使用@Configuration、@EnableAutoConfiguration和@ComponentScan注解main类。由于这些注解被如此频繁地组合使用，Spring Boot提供一个方便的@SpringBootApplication注解。@SpringBootApplication注解等同于默认属性使用 @Configuration、@EnableAutoConfiguration和@ComponentScan的默认属性，即@SpringBootApplication=（默认属性的）@Configuration + @EnableAutoConfiguration + @ComponentScan。

各个注解说明如下。

- @Configuration：经常与@Bean组合使用，使用这两个注解就可以创建一个简单的Spring 配置类，它可以用来替代相应的 XML 配置文件。@Configuration注解标识当前类可以使用Spring IoC容器作为Bean定义的来源。@Bean注解告诉Spring，一个带有@Bean注解的方法将返回一个对象，该对象应该被注册为在Spring应用上下文中的Bean。
- @EnableAutoConfiguration：能够自动配置Spring应用的上下文，试图猜测和配置你想要的Bean类，通常会根据你的类路径和你的Bean定义实现自动配置。
- @ComponentScan：能够自动扫描指定包下全部标有@Component的类，并将其注册成Bean，其中@Component下的子注解@Service、@Repository、@Controller同样也会被扫描。这些Bean一般是结合@Autowired构造函数来注入的。

**2．main()方法**

该main()方法是一个标准的Java方法，它遵循Java对于一个应用入口的约定。main()方法通过调用run()，将业务委托给了Spring Boot的SpringApplication类。SpringApplication将引导我们的应用启动Spring，相应地启动被自动配置的Tomcat Web服务器。这里需要将HelloWorldApplication.class作为参数传递给run()方法以告知SpringApplication “谁是主要的Spring组件”，还需要传递args数组以暴露所有的命令行参数。

**3．编写控制器HelloController**

创建com.waylau.springboot.helloworld.controller包，用于放置控制器类。

HelloController.java 的代码非常简单。当请求到/hello路径时，将会响应“Hello World!”字样的字符串。代码如下：

```
import org.springframework.web.bind.annotation.RequestMapping;
import org.springframework.web.bind.annotation.RestController;

/**
 * Hello World控制器
```

```
 * @author <a href="https://waylau.com">Way Lau</a>
 * @date 2022年4月9日
 */
@RestController
public class HelloController {

    @RequestMapping("/hello")
    public String hello() {
        return "Hello World!";
    }
}
```

@RestController等价于@Controller与@ResponseBody的组合，即@RestController=@Controller + @ResponseBody。它主要用于返回在RESTful应用中常用的JSON数据。

各个注解说明如下。

- @ResponseBody：该注解指示方法的返回值应绑定到Web响应正文。
- @RequestMapping：它是一个用来处理请求地址映射的注解，可用于类或方法上。用在类上，表示类中的所有响应请求的方法都以请求地址作为父路径。用在方法上，则是进一步细分请求映射，相对于类定义处的URL。根据方法的不同，还可以用@GetMapping、@PostMapping、@PutMapping、@DeleteMapping、@PatchMapping代替。
- @RestController：提示用户这是一个支持REST的控制器。

## 11.4.3 编写测试用例

进入test目录下，默认生成了测试用例包com.waylau.springboot.helloworld及测试类HelloWorldApplicationTests.java。

**1．编写HelloControllerTest.java测试类**

与源程序一一对应，我们在测试用例包下创建com.waylau.springboot.helloworld.controller包，用于放置控制器的测试类。

测试类 HelloControllerTest.java 代码如下：

```
    import static org.hamcrest.Matchers.equalTo;
    import static org.springframework.test.web.servlet.result.MockMvcResultMatchers.
content;
    import static org.springframework.test.web.servlet.result.MockMvcResultMatchers.
status;
    import org.junit.jupiter.api.Test;
    import org.junit.runner.RunWith;
    import org.springframework.Beans.factory.annotation.Autowired;
    import org.springframework.boot.test.autoconfigure.web.servlet.AutoConfigureMockMvc;
    import org.springframework.boot.test.context.SpringBootTest;
    import org.springframework.http.MediaType;
    import org.springframework.test.context.junit4.SpringRunner;
    import org.springframework.test.web.servlet.MockMvc;
    import org.springframework.test.web.servlet.request.MockMvcRequestBuilders;
```

```
/**
 * Hello World控制器测试类
 * @author <a href="https://waylau.com">Way Lau</a>
 * @date 2022年4月9日
 */
@RunWith(SpringRunner.class)
@SpringBootTest
@AutoConfigureMockMvc
public class HelloControllerTest {

    @Autowired
    private MockMvc mockMvc;

    @Test
    public void testHello() throws Exception {
        mockMvc.perform(MockMvcRequestBuilders.get("/hello").accept(MediaType.
APPLICATION_JSON)).andExpect(status().isOk())
                .andExpect(content().string(equalTo("Hello World! Welcome to
visit waylau.com!")));
    }
}
```

**2．运行测试类**

用 JUnit 运行该测试类，运行结果如果是呈现绿色，则表示该类测试通过；如果呈现红色，则表示该代码测试失败。

## 11.4.4 运行Spring Boot程序

运行Spring Boot程序流程如下。

**1．使用Gradle Wrapper进行构建**

执行gradlew build来对“hello-world”程序进行构建。

```
$ gradlew build
Downloading https://services.gradle.org/distributions/gradle-7.4.2-bin.zip
...........10%...........20%...........30%...........40%...........50%...........60%..........
70%...........80%...........90%...........100%

Welcome to Gradle 7.4.2!

Here are the highlights of this release:
 - Aggregated test and JaCoCo reports
 - Marking additional test source directories as tests in IntelliJ
 - Support for Adoptium JDKs in Java toolchains
For more details see https://docs.gradle.org/7.4.2/release-notes.html
Starting a Gradle Daemon (subsequent builds will be faster)
```

```
BUILD SUCCESSFUL in 4m 5s
7 actionable tasks: 7 executed
```

如果是首次使用该命令，则会下载Gradle发布包，你可以在$USER_HOME/.gradle/wrapper/dists下的用户主目录中找到它。

**2．运行程序**

执行java -jar build/libs/hello-world-0.0.1-SNAPSHOT.jar来运行程序。

```
$ java -jar build/libs/hello-world-0.0.1-SNAPSHOT.jar

  .   ____          _            __ _ _
 /\\ / ___'_ __ _ _(_)_ __  __ _ \ \ \ \
( ( )\___ | '_ | '_| | '_ \/ _` | \ \ \ \
 \\/  ___)| |_)| | | | | || (_| |  ) ) ) )
  '  |____| .__|_| |_|_| |_\__, | / / / /
 =========|_|==============|___/=/_/_/_/
 :: Spring Boot ::                (v2.6.6)

2022-04-09 17:14:21.083  INFO 14936 --- [           main] c.w.s.helloworld.
HelloWorldApplication    : Starting HelloWorldApplication using Java 1.8.0_291
on RedmiBookofWS with PID 14936 (C:\Users\wayla\Desktop\full-stack-
development-with-vuejs-and-spring-boot\spring-boot-samples\hello-world\
build\libs\hello-world-0.0.1-SNAPSHOT.jar started by wayla in C:\Users\
wayla\Desktop\full-stack-development-with-vuejs-and-spring-boot\spring-boot-
samples\hello-world)
2022-04-09 17:14:21.086  INFO 14936 --- [           main] c.w.s.helloworld.
HelloWorldApplication    : No active profile set, falling back to 1 default
profile: "default"
2022-04-09 17:14:22.109  INFO 14936 --- [           main] o.s.b.w.embedded.
tomcat.TomcatWebServer  : Tomcat initialized with port(s): 8080 (http)
2022-04-09 17:14:22.122  INFO 14936 --- [           main] o.apache.catalina.
core.StandardService    : Starting service [Tomcat]
2022-04-09 17:14:22.122  INFO 14936 --- [           main] org.apache.catalina.
core.StandardEngine  : Starting Servlet engine: [Apache Tomcat/9.0.60]
2022-04-09 17:14:22.228  INFO 14936 --- [           main] o.a.c.c.C.[Tomcat].
[localhost].[/]       : Initializing Spring embedded WebApplicationContext
2022-04-09 17:14:22.228  INFO 14936 --- [           main] w.s.c.ServletWeb
ServerApplicationContext : Root WebApplicationContext: initialization
completed in 1095 ms
2022-04-09 17:14:22.572  INFO 14936 --- [           main] o.s.b.w.embedded.
tomcat.TomcatWebServer  : Tomcat started on port(s): 8080 (http) with context
path ''
2022-04-09 17:14:22.581  INFO 14936 --- [           main] c.w.s.helloworld.
HelloWorldApplication    : Started HelloWorldApplication in 1.85 seconds (JVM
running for 2.24)
```

**3．访问程序**

在浏览器中访问http://localhost:8080/hello，可以看到页面输出了“Hello World!”字样，如图11-5所示。

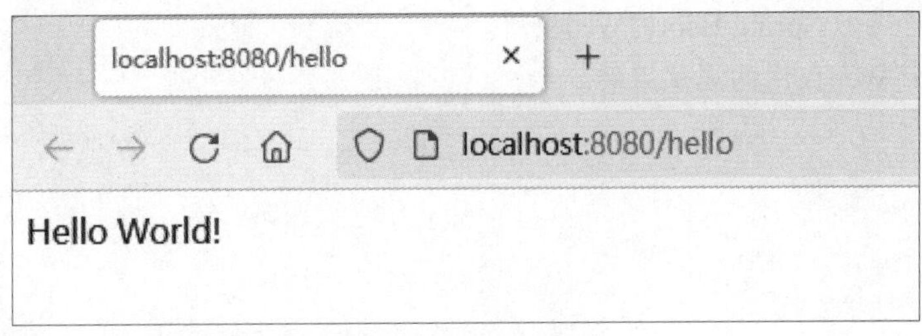


图 11-5　浏览器界面

可以看到，编写一个Spring Boot程序就是这么简单。

### 11.4.5 其他运行Spring Boot程序的方式

有多种运行Spring Boot程序的方式，除了上面介绍的使用java -jar命令外，还有其他几种方式。

**1．以“Java Application”运行**

hello-world程序就是一个平常的Java程序，所以我们可以直接在IDE中右击项目，以“Java Application”方式来运行程序。在开发时，这种方式非常方便用户调试程序。

**2．使用Spring Boot Gradle Plugin运行**

Spring Boot内嵌了Spring Boot Gradle Plugin，所以我们可以使用Spring Boot Gradle Plugin来运行程序。执行如下命令：

```
$ gradle bootRun
```

或者

```
$ gradlew bootRun
```

## 11.5 本章小结

本章介绍了Spring Boot的基础概念及基本用法，包括如何使用Spring Initializr初始化一个Spring Boot项目原型、如何编写一个Web项目。本章还介绍了如何编写Spring Boot的测试用例。

# 11.6 习题

1．请使用Spring Initializr初始化一个Spring Boot项目原型。

2．请开发一个基于Spring Boot的Web应用。

3．请编写上述Web应用的测试用例。

# 第12章 Spring框架核心概念

本章介绍Spring框架核心概念。Spring框架是Spring Boot的基石。如果你已经熟悉Spring框架，则可以跳过本章。

## 12.1 Spring框架总览

Spring框架是整个Spring技术栈的核心。Spring框架实现了对Bean的依赖管理以及AOP，它们都极大地提升了Java企业级应用开发过程中的编程效率，降低了代码之间的耦合度。Spring框架是很好的一站式构建企业级应用的轻量级解决方案。

Spring Boot是基于Spring框架技术来构建的，所以Spring Boot会使用很多Spring框架中的技术。由于市面上关于Spring的技术图书已经很多了，笔者不会对Spring做过多介绍，只会侧重讲解Spring Boot中经常被应用的Spring核心技术。读者如果想了解Spring 框架的全貌，可以参阅笔者所著的《Spring 5 开发大全》。

### 12.1.1 模块化的Spring框架

Spring框架是模块化的，允许你自由选择需要使用的部分。例如，你可以在任何框架之上使用IoC容器，也可以只使用Hibernate集成代码或JDBC抽象层。Spring框架支持声明式事务管理，通过RMI（Remote Method Invocation，远程方法调用）或Web服务远程访问你的逻辑，并支持多种技术来持久化你的数据。它提供了全功能的Spring MVC以及Spring WebFlux框架。同时，它支持将AOP透明地集成到你的软件中。

Spring框架由20多个模块组成。图12-1展示了Spring框架模块主要组成部分。

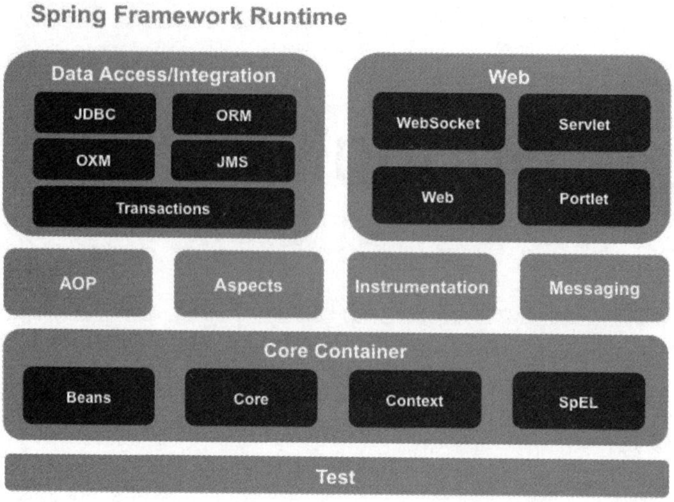

图 12-1 Spring 框架模块主要组成部分

## 12.1.2 Spring框架常用模块

Spring框架常用模块如下。

**1．核心容器**

核心容器（Core Container）由spring-core、spring-Beans、spring-context、spring-context-support和spring-expression（Spring表达式语言，SpEL）等模块组成。

spring-core和spring-Beans提供Spring框架的基础功能，包括IoC和依赖注入功能。BeanFactory是一个复杂的工厂设计模式的实现，无须编程就能实现单例设计模式，并允许你将配置和特定的依赖从你的实际程序逻辑中解耦。

Context（spring-context）模块建立于Core（spring-core）和Beans（spring-beans）模块提供的功能基础之上，它是一种在Spring框架类型下实现对象存储操作的手段，有一点像JNDI（Java Naming and Directory Interface，Java命名和目录接口）注册。Context模块继承了Beans模块的特性，并且增加了对国际化的支持（例如将其用在资源包中）、事件广播、资源加载和创建上下文（例如创建一个Servlet容器）等。Context模块支持EJB、JMX和远程访问这样的Java EE特性。ApplicationContext接口是Context模块的主要表现形式。

spring-context-support提供了对常见第三方库的支持，以便第三方库集成进Spring应用上下文，如缓存（Ehcache、JCache）、调度（commonJ、Quartz）等。

spring-expression模块提供了强大的表达式语言，用来在运行时查询和操作对象图，作为JSP 2.1规范所指定的统一表达式语言的一种扩展。这种语言支持属性值、属性参数、方法调用、数组内容存储、收集器和索引、逻辑和算术操作及命名变量，也支持通过名称从Spring的IoC容器中取回对象。spring-expression模块还支持列表投影、选择以及通用列表聚合。

**2．AOP及Instrumentation**

spring-aop模块提供AOP的实现，从而能够实现方法拦截器和切入点代码完全分离。借助

AOP，可以在代码中计入行为信息，行为信息在某种程度上类似于.NET属性。

单独的spring-aspects模块提供对AspectJ的集成。

spring-instrument 模块提供了instrumentation类的支持和在某些应用程序服务器中类加载器的实现。spring-instrument-tomcat用于Tomcat Instrumentation代理。

**3．消息**

自Spring 4开始，Spring提供spring-messaging模块，主要包含从Spring Integration中抽象出来的一些服务，例如Message、MessageChannel、MessageHandler及其他用来提供基于消息的基础服务。该模块还包括一组消息映射方法的注解，类似于Spring MVC的注解。

**4．数据访问/集成**

数据访问/集成（Data Access/Integration）层由JDBC（spring-jdbc）、ORM（spring-orm）、OXM（spring-oxm）、JMS（spring-jms）和Transactions（spring-tx）模块组成。

spring-jdbc模块提供了JDBC抽象层，这样开发人员就能避免进行一些烦琐的JDBC编码和解析数据库供应商特定的错误代码。

spring-orm模块为流行的ORM接口提供集成层，包括JPA（Java Persistence API）和Hibernate。使用spring-orm模块，可以将这些ORM框架与Spring提供的所有其他功能结合使用，例如前面提到的简单的声明式事务管理。

spring-oxm模块提供了支持OXM实现的抽象层，如JAXB、Castor、JiBX和XStream。

spring-jms模块包含用于生成和使用消息的功能。从Spring 4.1起，它提供了与spring-messaging的集成。

spring-tx模块支持用于实现特殊接口和所有POJO的类的编程和声明式事务管理。

**5．Web**

Web层由spring-web、spring-webmvc、spring-websocket和spring-webmvc-portlet等模块组成。

spring-web模块提供了基本的面向Web开发的集成功能，例如文件上传、用于初始化 IoC 容器的Servlet监听和Web开发应用程序上下文。它也提供了HTTP客户端以及对Web相关的Spring远程访问的支持。

spring-webmvc模块（也被称为 Web Servlet 模块）包含Spring的MVC功能和REST服务的功能。

**6．Test**

Test层由spring-test组成，spring-test模块支持通过组合JUnit或TestNG来实现单元测试和集成测试等功能。它提供了Spring ApplicationContext的持续加载，并能缓存这些上下文，还提供了可用于孤立测试代码的模拟对象（Mock Objects）。

### 12.1.3 依赖注入vs控制反转

很多人都会被问及“依赖注入”与“控制反转”之间到底有什么联系和区别。在Java应用中，不管是受限的嵌入式应用还是*n*层架构的服务器企业级应用，它们通常由来自应用中的适当对象进行组合处理。也就是说，对象在应用中是通过彼此依赖来实现功能的。

尽管Java平台提供了丰富的应用开发功能，但它缺乏组织基本构建块成为完整系统的方法。

那么，组织系统任务最后只能留给架构师和开发人员完成。虽然你可以使用各种设计模式（例如Factory、Abstract Factory、Builder、Decorator和Service Locator）来组合各种类和对象实例构成应用，这些设计模式也给出了其能解决什么问题，但使用设计模式的一个最大障碍就是，除非你有非常丰富的经验，否则，你很难在应用中正确地使用它。这样就给Java开发人员带来了一定的技术门槛，特别是那些入门级的开发人员。

而Spring框架的IoC组件能够通过提供正规的方法来组合不同的类和对象实例，使之成为一个完整的、可用的应用。Spring框架将规范化的设计模式作为“一等对象”（First-class Object），方便开发人员将之集成到自己的应用程序。这也是很多组织和机构选择使用Spring框架来开发健壮的、可维护的应用程序的原因。开发人员无须手动处理对象的依赖关系，而是将其交给Spring容器去管理，这样极大地提升了开发体验。

那么“依赖注入”与“控制反转”有什么联系呢?

“依赖注入”（Dependency Injection）是Martin Fowler（马丁·福勒）在2004年提出的关于“控制反转”的解释。Martin Fowler认为“控制反转”一词让人产生疑惑，无法直白地理解“到底哪方面的控制被反转了”。所以Martin Fowler建议采用“依赖注入”一词来代替“控制反转”。

其实“依赖注入”和“控制反转”就是一个事物的不同说法而已，本质上是一回事。“依赖注入”是一种程序设计模式和架构模型，有些时候也称作“控制反转”，尽管在技术上来讲，“依赖注入”是“控制反转”的一个特殊实现。“依赖注入”是指一个对象应用另外一个对象来提供特殊的功能，例如，把一个数据库连接以参数的形式传到一个对象的结构方法里面，而不是在那个对象内部自行创建一个数据库连接。“依赖注入”和“控制反转”的基本思想就是把类的依赖从类内部转换到类外部以减少依赖。利用“控制反转”，对象在被创建的时候，会由一个调控系统统一进行管理，该调控系统将该对象所依赖的对象的引用传递给它。也可以说，依赖被注入对象中。所以“控制反转”是关于一个对象如何获取它所依赖对象的引用的过程，而这个过程体现为“谁来传递依赖的引用”这个职责的反转。

### 12.1.4 使用Spring框架的好处

Spring框架是一个轻量级的Java平台，能够提供完善的基础设施来支持开发Java应用。因为Spring负责提供基础设施功能，所以开发人员就可以专注于应用逻辑的开发。

Spring可以使开发人员通过POJO来构建应用，并且将企业服务非侵入性地应用到POJO。此功能适用于Java SE编程模型和所有或者部分的Java EE编程模型。

Java应用的开发人员使用Spring框架有以下好处。

- 使本地Java方法可以执行数据库事务，而无须自己去处理事务接口。
- 使本地Java方法可以执行远程过程，而无须自己去处理远程接口。
- 使本地Java方法可以成为HTTP端点，而无须自己处理Servlet接口。
- 使本地Java方法可以执行管理操作，而无须自己去处理JMX（Java Management Extensions，Java管理扩展）接口。
- 使本地Java方法可以执行消息处理，而无须自己去处理JMS（Java Message Service，Java消息服务）接口。

# 12.2 依赖注入与控制反转

正如12.1.3小节所介绍的那样，依赖注入（DI）与控制反转（IoC）可以视为同一事物的不同表述。Spring通过IoC容器来管理所有Java对象（也被称为Bean）及其相互间的依赖关系。

在软件开发过程中，系统的各个对象之间、各个模块之间、软件系统与硬件系统之间或多或少会存在耦合关系，如果系统的耦合度过高，就会造成难以维护的问题。但是完全没有耦合的代码是很难工作的，代码需要相互协作、相互依赖来实现功能。而IoC技术恰好就解决了这类问题，各个对象之间不需要直接关联，而是在需要用到对方的时候由 IoC 容器来管理对象之间的依赖关系。对于开发人员来说，只需要维护相对独立的各个对象的代码即可。

## 12.2.1 IoC容器和Bean

IoC是一个过程，即对象定义其依赖关系，而其他与之配合的对象通过构造函数的参数、工厂方法的参数或设置的属性来定义其依赖关系。然后，IoC容器在创建Bean时会注入这些依赖关系。这个过程在职责上是反转的，就是把原先代码中需要实现的对象创建、依赖定义的代码反转给容器来让其帮忙实现和管理，所以称之为“控制反转”。

IoC的技术原理如下。

- 反射：在运行状态中，根据提供的类的路径或者类名，通过反射来动态地获取该类的所有属性和方法。
- 工厂模式：把IoC容器当作一个工厂，在配置文件或者注解中给出定义，然后利用反射技术根据给出的类名生成相应的对象。对象生成的代码以及对象之间的依赖关系在配置文件中定义，这样就实现了解耦。

org.springframework.beans和org.springframework.context包是Spring IoC容器的基础。BeanFactory接口提供了能够管理任何类型对象的高级配置功能。ApplicationContext是BeanFactory的子接口，它更容易与Spring的AOP功能集成，进行消息资源处理（用于国际化）、事件发布，以及作为应用层特定的上下文（例如，用于 Web 应用程序的 WebApplicationContext）。

简而言之，BeanFactory提供了基本的配置功能，而ApplicationContext在此基础之上增加了更多的企业特定功能。

在Spring应用中，Bean是由Spring IoC容器来进行实例化、组装并受其管理的对象。Bean和它们之间的依赖关系反映在容器使用的配置元数据中。

## 12.2.2 配置元数据

配置元数据（Configuration Metadata）描述了Spring容器在应用程序中是如何来实例化、配置和组装对象的。

最初，Spring是用XML文件来记录配置元数据的，很好地实现了IoC容器本身与实际写入此配置元数据的格式的完全分离。

当然，基于XML的配置元数据不是唯一允许的配置元数据方式。目前，比较流行的配置元数据方式是基于注解或基于Java。

- 基于注解的配置元数据：Spring 2.5引入了基于注解的配置元数据。
- 基于Java的配置元数据：从Spring 3.0开始，Spring JavaConfig提供的许多功能成为Spring框架核心的一部分。因此，你可以使用Java而不是XML文件来定义应用程序类外部的Bean。比较常用的有@Configuration、@Bean、@Import和@DependsOn等。

Spring配置至少需要一个或者多个由容器管理的Bean。在基于XML的配置元数据中，需要用<beans><beans/>标签内的<bean><bean/>标签来配置这些Bean；而在基于注解的配置元数据中，通常在使用了@Configuration注解的类中使用@Bean注解的方法。

以下示例显示了基于XML的配置元数据的基本结构：

```
<?xml version="1.0" encoding="UTF-8"?>
<beans xmlns="http://www.springframework.org/schema/beans"
    xmlns:xsi="http://www.w3.org/2001/XMLSchema-instance"
    xsi:schemaLocation="http://www.springframework.org/schema/beans
        http://www.springframework.org/schema/beans/spring-beans.xsd">

    <bean id="..." class="...">
        <!-- 放置这个Bean的协作者和配置 -->
    </bean>

    <bean id="..." class="...">
        <!-- 放置这个Bean的协作对象和配置 -->
    </bean>

    <!-- 省略了更多的Bean的配置 -->
</beans>
```

在上面的XML文件中，id属性是用于标识单个Bean定义的字符串，id属性的值是指协作对象。class属性定义Bean的类型，并使用完全限定的类名。

以下示例显示了基于注解的配置元数据的基本结构：

```
@Configuration
public class AppConfig {

    @Bean
    public MyService myService() {
        return new MyServiceImpl();
    }
}
```

### 12.2.3 实例化IoC容器

Spring IoC容器需要在应用运行时进行实例化。在实例化过程中，IoC容器会从各种外部资源（如本地文件系统、Java类路径等）加载配置元数据，提供给ApplicationContext构造函数。

下面是一个从类路径中加载基于XML的配置元数据的例子：

```
ApplicationContext context =
    new ClassPathXmlApplicationContext(new String[] {"services.xml", "daos.xml"});
```

当系统规模比较大的时候，通常会让Bean定义多个XML配置文件。这样，每个单独的XML配置文件通常就能够表示系统结构中的逻辑层或模块。就如上面的例子所演示的那样。

当某个构造函数需要多个资源位置时，可以使用一个或多个<import/>来从另一个文件加载Bean的定义。例如：

```
<beans>
    <import resource="services.xml"/>
    <import resource="resources/messageSource.xml"/>
    <import resource="/resources/themeSource.xml"/>

    <bean id="Bean1" class="..."/>
    <bean id="Bean2" class="..."/>
</beans>
```

### 12.2.4 两种依赖注入方式

在Spring框架中，主要有以下两种依赖注入方式。

**1．基于构造函数**

基于构造函数的依赖注入是通过调用具有多个参数的构造函数的容器来完成的，参数表示依赖关系。这与调用具有特定参数的静态工厂方法来构造Bean几乎是等效的。以下示例演示了一个只能使用构造函数来进行依赖注入的类，该类是一个POJO，并不依赖于容器特定的接口、基类或注解。

```
public class SimpleMovieLister {

    // SimpleMovieLister依赖于MovieFinder
    private MovieFinder movieFinder;

    // Spring容器可以通过构造函数来注入MovieFinder
    public SimpleMovieLister(MovieFinder movieFinder) {
        this.movieFinder=movieFinder;
    }

    // 省略使用注入的MovieFinder的具体业务逻辑
}
```

**2．基于setter方法**

基于setter方法的依赖注入是在调用无参数的构造函数或无参数的静态工厂方法来实例化Bean之后，通过容器调用Bean的setter方法来完成的。

以下示例演示了一个只能使用setter方法来进行依赖注入的类，该类是一个POJO，并不依赖于容器特定的接口、基类或注解。

```
public class SimpleMovieLister {
```

```
    // SimpleMovieLister依赖于MovieFinder
    private MovieFinder movieFinder;

    // Spring容器可以通过setter方法来注入MovieFinder
    public void setMovieFinder(MovieFinder movieFinder) {
        this.movieFinder=movieFinder;
    }

    // 省略使用注入的MovieFinder的具体业务逻辑
}
```

### 12.2.5 Bean范围

默认情况下，所有Spring Bean都是单例的，意思是在整个Spring应用中，Bean的实例只有一个。我们可以在 Bean 中添加scope属性来修改这个默认值。scope属性可用的值如表12-1所示。

**表12-1 scope属性可用的值**

| 属性值 | 描述 |
| --- | --- |
| singleton | 定义Bean的范围为每个Spring容器有一个实例（默认值） |
| prototype | 允许Bean可以被多次实例化（使用一次就创建一个实例） |
| request | 定义Bean的有效范围是HTTP请求。每个HTTP请求都有自己的实例。只有在使用有Web功能的Spring上下文时才有效 |
| session | 定义Bean的范围是HTTP会话。只有在使用有Web功能的Spring 上下文时才有效 |
| application | 定义每个ServletContext有一个实例 |
| websocket | 定义每个WebSocket有一个实例。只有在使用有Web功能的Spring 上下文时才有效 |

下面详细讨论singleton Bean与prototype Bean在用法上的差异。

**1．singleton Bean**

对于singleton Bean来说，IoC容器只管理一个singleton Bean的共享实例，所有针对相同id的Bean的请求，Spring容器返回一个特定的Bean实例。

换句话说，当你定义一个Bean并将其定义为singleton时，Spring IoC容器将仅创建一个由该Bean定义的对象实例。该对象实例存储在缓存中，对该Bean的所有后续请求和引用都将返回缓存的总的对象实例。

在Spring IoC容器中，singleton Bean是默认的创建Bean的方式，该方式可以更好地重用对象，节省重复创建对象的开销。

图12-2展示了singleton Bean的使用示意。

**2．prototype Bean**

对于prototype Bean来说，IoC容器导致在每次对该特定Bean进行请求时创建一个新的Bean实例。

图12-3展示了prototype Bean的使用示意。

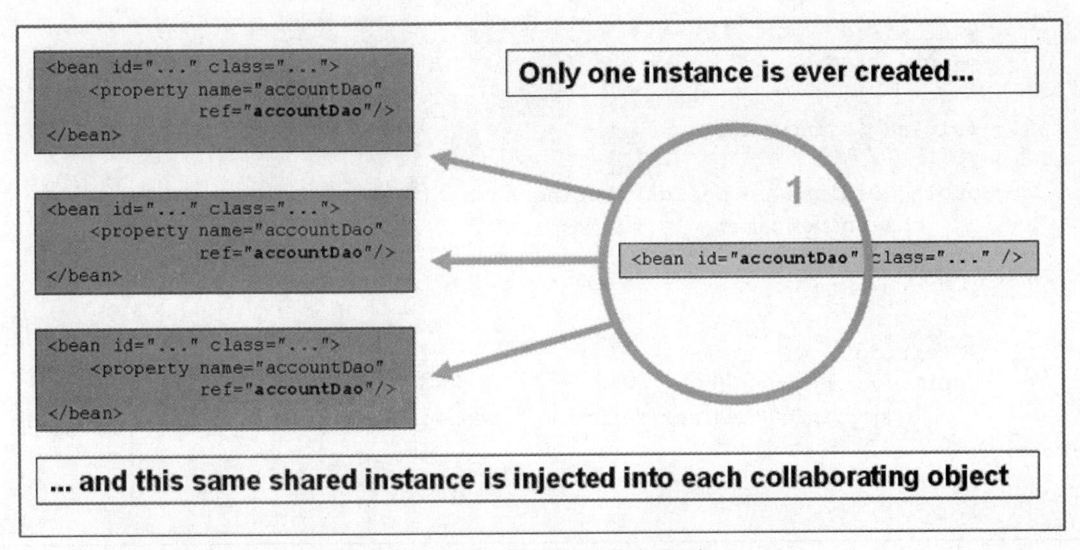


图 12-2 singleton Bean 的使用示意

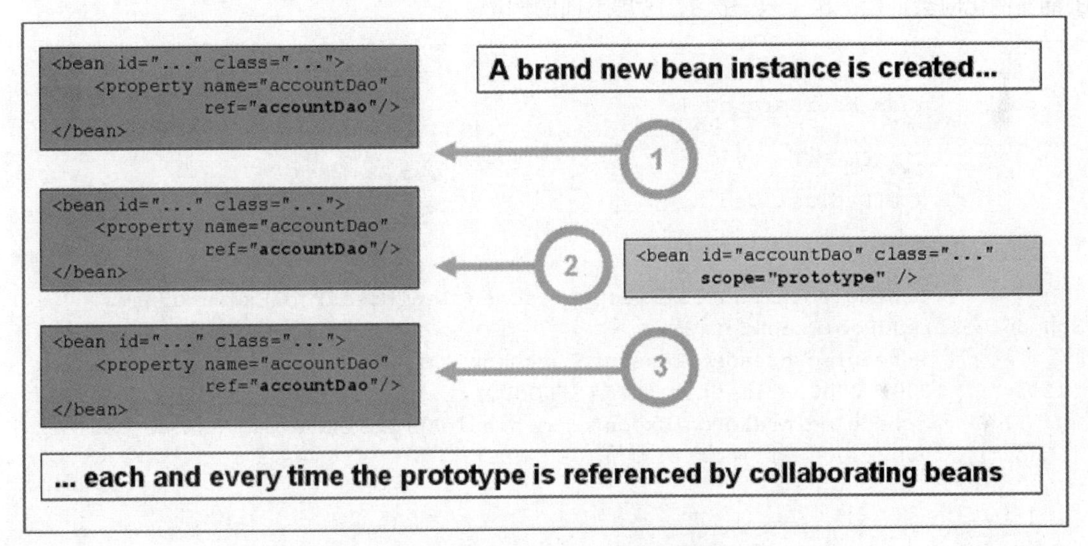


图 12-3 prototype Bean 的使用示意

从某种意义上来说，Spring IoC容器在prototype Bean上的作用等同于Java的new操作符的作用。所有过去的生命周期管理都必须由客户端处理。

## 12.2.6 注意singleton Bean引用prototype Bean时的陷阱

我们知道，Spring Bean默认的scope属性值是singleton，但有些场景（例如多线程）需要每次调用都生成一个实例，此时scope属性值就应该设为prototype，如下面的例子：

```
@Component
@Scope("prototype")
public class DadTask implements Runnable {
    static Logger logger=Logger.getLogger(DadTask.class);
```

```
    @Autowired
    DadDao dadDao;

    private String name;

    public DadTask setDadTask(String name) {
        this.name=name;
        return this;
    }

    @Override
    public void run() {
        logger.info("DadTask:"+this + ";DadDao:"+dadDao + ";"+dadDao.sayHello
(name) );
    }
}
```

但是，如果singleton Bean依赖prototype Bean，通过依赖注入方式，prototype Bean在singleton Bean实例化时会创建一次（只一次），考虑下面的例子：

```
@Service
public class UserService {

    @Autowired
    private DadTask dadTask;

    public void startTask() {
        ScheduledThreadPoolExecutor scheduledThreadPoolExecutor=new
ScheduledThreadPoolExecutor(2);
        scheduledThreadPoolExecutor.scheduleAtFixedRate(dadTask.setDadTask
("Lily"), 1000, 2000, TimeUnit.MILLISECONDS);
        scheduledThreadPoolExecutor.scheduleAtFixedRate(dadTask.setDadTask
("Lucy"), 1000, 2000, TimeUnit.MILLISECONDS);
    }
}
```

我们希望调度“Lily”和“Lucy”两个线程，实际上代码只初始化了一个实例（这样线程就不是安全的了）。

如果singleton Bean想每次都创建一个新的prototype Bean的实例，需要通过方法注入的方式实现。我们可以通过实现ApplicationContextAware接口来获取到ApplicationContext实例，继而通过getBean()方法来获取到prototype Bean的实例。我们的程序需要修改如下：

```
@Service
public class UserService implements ApplicationContextAware {

    @Autowired
    private DadTask dadTask;

    private ApplicationContext applicationContext;

    public void startTask() {
```

```
        ScheduledThreadPoolExecutor scheduledThreadPoolExecutor=new
ScheduledThreadPoolExecutor(2);

        // 每次都获取到DadTask的实例
        dadTask=applicationContext.getBean("dadTask", DadTask.class);
        scheduledThreadPoolExecutor.scheduleAtFixedRate(dadTask.
setDadTask("Lily"), 1000, 2000, TimeUnit.MILLISECONDS);
        dadTask=applicationContext.getBean("dadTask", DadTask.class);
        scheduledThreadPoolExecutor.scheduleAtFixedRate(dadTask.
setDadTask("Lucy"), 1000, 2000, TimeUnit.MILLISECONDS);
    }

    @Override
    public void setApplicationContext (ApplicationContext applicationContext)
throws BeansException {
        this.applicationContext=applicationContext;
    }
}
```

### 12.2.7 JSR 330规范注解

由于Spring框架的流行，JCP也着手完善相关的规范。其中JSR 330就是Java依赖注入标准规范。自Spring 3.0以来，Spring支持JSR 330规范，Spring自身很多注解都可以用JSR 330规范注解来代替。

**1．@Inject**

@Inject可以代替@Autowired。考虑下面的例子：

```
import javax.inject.Inject;

public class SimpleMovieLister {

    private MovieFinder movieFinder;

    @Inject
    public void setMovieFinder(MovieFinder movieFinder) {
        this.movieFinder=movieFinder;
    }

    public void listMovies() {
        this.movieFinder.findMovies(...);
        ...
    }
}
```

与使用@Autowired一样，可以在字段级别、方法级别和构造函数参数级别使用@Inject。

**2．@Named和@ManagedBean**

@javax.inject.Named或者javax.annotation.ManagedBean可以代替@Component。

```
import javax.inject.Inject;
import javax.inject.Named;

@Named("movieListener") // 等同于@ManagedBean("movieListener")
public class SimpleMovieLister {

    private MovieFinder movieFinder;

    @Inject
    public void setMovieFinder(MovieFinder movieFinder) {
        this.movieFinder=movieFinder;
    }

    ...
}
```

> **注意**
>
> javax.annotation.ManagedBean注解属于JSR 250规范。

当使用@Named或@ManagedBean时，可以通过与使用Spring注解完全相同的方式实现组件扫描。

```
@Configuration
@ComponentScan(basePackages="com.waylau")
public class AppConfig  {
    ...
}
```

**3．JSR 330规范注解在用法上的一些不足**

与Spring原生的注解相比，JSR 330规范注解在用法上还是稍显逊色。例如：

- 与@Autowired相比，@Inject没有“required”属性，不过可以用Java 8的Optional来代替；
- 与@Component相比，@Named并不提供可组合的模型，只提供一种识别命名组件的方法。

## 12.2.8 Spring Boot中的Bean及依赖注入

Spring Boot通常使用基于Java的配置，建议主配置是单个@Configuration类。通常定义main()方法的类作为主要的@Configuration类。

Spring Boot应用了很多Spring框架中的自动配置功能，它会尝试根据你添加的JAR包中的依赖关系自动配置你的 Spring应用。如果HSQLDB或者是H2在你的类路径上，并且你没有手动配置任何数据库连接Bean，那么Spring Boot会自动配置数据库为内存数据库。

要启用自动配置功能，需要将@EnableAutoConfiguration或@SpringBootApplication注解添加到你的一个@Configuration类中。

### 1．自动配置

在Spring Boot应用中，可以自由使用任何标准的Spring框架技术来定义你的Bean及其注入的依赖关系。为了简化程序的开发，开发人员通常使用@ComponentScan来找到Bean，并结合@Autowired构造函数来将Bean进行自动注入。这些Bean涵盖了所有应用程序组件，例如@Component、@Service、@Repository、@Controller等。下面是一个实际的例子。

```
@Service
public class DatabaseAccountService implements AccountService {

    private final RiskAssessor riskAssessor;

    @Autowired
    public DatabaseAccountService(RiskAssessor riskAssessor) {
        this.riskAssessor=riskAssessor;
    }
    ...
}
```

如果一个Bean只有一个构造函数，则可以省略@Autowired。

```
@Service
public class DatabaseAccountService implements AccountService {

    private final RiskAssessor riskAssessor;

    public DatabaseAccountService(RiskAssessor riskAssessor) {
        this.riskAssessor=riskAssessor;
    }
    ...
}
```

### 2．使用@SpringBootApplication注解

正如我们在11.4节所演示那样，由于Spring Boot开发人员总是频繁使用@Configuration、@EnableAutoConfiguration和@ComponentScan来注解main，并且这些注解经常被组合使用，Spring Boot提供了一个方便的@SpringBootApplication注解作为替代。

使用@SpringBootApplication注解相当于使用@Configuration、@EnableAutoConfiguration和@ComponentScan及其默认属性：

```
package com.example.myproject;

import org.springframework.boot.SpringApplication;
import org.springframework.boot.autoconfigure.SpringBootApplication;

@SpringBootApplication
```

```
// 等同于@Configuration、@EnableAutoConfiguration、@ComponentScan
public class Application {
    public static void main(String[] args) {
        SpringApplication.run(Application.class, args);
    }
}
```

# 12.3 AOP

AOP通过提供另一种思考程序结构的方式来补充OOP（Object-Oriented Programming，面向对象程序设计）。OOP实现模块化的关键单元是类，而在AOP中，实现模块化的关键单元是切面。切面可以实现诸如跨多个类型和对象的事务管理、日志等方面的模块化。

Spring的关键组件之一是AOP。虽然Spring IoC容器不依赖于AOP，但是在Spring应用中，经常会使用AOP来简化编程。在Spring框架中使用AOP主要有以下优势。

- 提供声明式企业服务，特别是作为EJB声明式服务的替代品，最重要的是，这种服务是声明式事务管理。
- 允许用户实现自定义切面，在某些不适合用OOP的场景中，可采用AOP来补充。
- 可以对业务逻辑的各个部分进行隔离，使得业务逻辑各部分之间的耦合度降低，提高程序的可重用性，同时提高开发的效率。

## 12.3.1 AOP核心概念

AOP核心概念并非Spring AOP特有的，这些核心概念同样适用于其他 AOP 框架，例如AspectJ。

- Aspect（切面）：将关注点进行模块化。某些关注点可能会横跨多个对象，例如事务管理就是Java 企业级应用中一个关于横切关注点的很好例子。在Spring AOP中，可以使用常规类（基于模式的方法）或使用@Aspect注解的常规类来实现切面。
- Join point（连接点）：在程序执行过程中某个特定的点。例如调用某方法的时候或者处理异常的时候。在Spring AOP中，一个连接点总是代表一个方法的执行。
- Advice（通知）：在切面的某个特定连接点上执行的动作。通知有各种类型，包括"Around""Before""After returning"等。许多AOP框架（包括Spring）都是以拦截器来实现通知模型的，并维护一个以连接点为中心的拦截器链。
- Pointcut（切入点）：匹配连接点的断言。通知和一个切入点表达式关联，并在满足这个切入点表达式的连接点（例如，当执行某个特定名称的方法时）上运行。切入点表达式如何与连接点匹配是AOP的核心。Spring默认使用AspectJ的切入点语法。
- Introduction（引入）：声明额外的方法或者某个类型的字段。Spring允许引入新的接口以及一个对应的实现到任何被通知的对象。例如，你可以通过引入来使Bean实现IsModified接口，以便简化缓存机制。在AspectJ社区，Introduction也被称为inter-type declaration（内部类型声明）。

- Target object（目标对象）：被一个或者多个切面所通知的对象。也有人把它叫作Advised（被通知）对象。因为Spring AOP是通过运行时代理实现的，所以这个对象永远是一个Proxied（被代理）对象。
- AOP Proxy（AOP 代理）：AOP框架创建的对象，用来实现Aspect Contract（切面契约），包括通知方法执行等功能。在Spring中，AOP代理可以是JDK动态代理或者CGLIB代理。
- Weaving（织入）：把切面连接到其他应用或者对象上，并创建一个Advised（被通知）对象。织入可以在编译时（例如使用 AspectJ 编译器时）、类加载时和运行时完成。Spring与其他纯Java AOP框架一样，在运行时完成织入。

其中通知的类型主要有以下几种。

- Before advice（前置通知）：在某连接点之前执行的通知，但这个通知不能阻止连接点前程序的执行（除非它抛出一个异常）。
- After returning advice（返回后通知）：在某连接点正常执行后执行的通知，例如，一个方法没有抛出任何异常，正常返回。
- After throwing advice（抛出异常后通知）：在方法抛出异常并退出时执行的通知。
- After (finally) advice（最后通知）：当某连接点退出时执行的通知（无论是正常返回还是异常退出）。
- Around advice（环绕通知）：包围一个连接点的通知，如方法调用。这是最强大的一种通知类型。环绕通知可以在方法调用前后完成自定义的行为。它也可以选择是否继续执行连接点、直接返回自己的值或抛出异常来结束连接点的执行。

跟AspectJ一样，Spring提供所有类型的通知，但推荐你使用尽量简单的通知类型来实现需要的功能。例如，你只是需要用一个方法的返回值来更新缓存，虽然使用环绕通知能完成同样的事情，但是最好使用返回后通知而不是环绕通知。使用合适的通知类型可以使编程模型变得简单，并且能够避免很多潜在的错误。例如，你不需要调用连接点（用于环绕通知）的proceed()方法，就不会有调用相关问题。

在Spring 2.0中，所有的通知参数都是静态类型的，因此你可以使用合适的类型（例如一个方法执行后的返回值类型）作为通知的参数而不是使用一个对象数组。

切入点和连接点匹配是AOP的关键，这使得AOP不同于其他仅仅提供拦截功能的旧技术。切入点使得通知可独立于OO（Object-Oriented，面向对象）层次。例如，一个提供声明式事务管理的环绕通知可以被应用到一组横跨多个对象的方法（例如服务层的所有业务操作）上。

## 12.3.2 Spring AOP功能和目标

Spring AOP用纯Java实现，它不需要专门的编译过程，也不需要控制类装载器层次，因此它适用于Servlet容器或应用服务器。

Spring目前仅支持使用方法调用作为连接点。虽然可以在不影响到Spring AOP核心接口的情况下加入对成员变量拦截器的支持，但Spring并没有实现成员变量拦截器。如果你需要通知对成员变量的访问和更新连接点，此时可以考虑使用其他框架，例如AspectJ。

Spring实现AOP的方法跟其他框架的不同。Spring并不是要尝试提供最完整的AOP实现（尽管Spring AOP有这个能力）。相反的，它其实侧重于提供一种AOP实现和Spring IoC 容器的整合，用于帮助使用者解决在企业级开发中的常见问题。

因此，Spring AOP通常都与Spring IoC容器一起使用。AspectJ使用普通的Bean定义语法，这是AspectJ与其他AOP实现的一个显著的区别。有些事务使用Spring AOP是无法轻松或者高效完成的，例如通知一个细粒度的对象。这种时候使用AspectJ是更好的选择。对于大多数在企业级Java应用中遇到的问题，Spring AOP都能提供一个非常好的解决方案。

Spring AOP从来没有打算通过提供一种全面的AOP解决方案来取代AspectJ。它们之间的关系应该是互补，而不是竞争的关系。Spring可以无缝地整合Spring AOP、Spring IoC和AspectJ，使得所有的AOP应用完全融入基于Spring的应用体系，这样的集成不会影响Spring AOP接口或者AOP Alliance接口。Spring AOP保留了向下兼容性。这体现了Spring框架的核心原则——非侵入性，即Spring框架并不强迫在你的业务或者领域模型中引入框架特定的类和接口。

## 12.3.3 Spring AOP代理

Spring AOP默认使用标准的JDK动态代理来作为AOP代理，这样任何接口（或者接口的setter方法）都可以被代理。

Spring AOP也支持使用CGLIB代理。对于需要代理类而不是代理接口的情况，CGLIB代理是很有必要的。如果一个业务对象并没有实现接口，默认就会使用CGLIB代理。此外，还可以强制使用CGLIB代理，例如在那些你需要通知一个未在接口中声明的方法，或者你需要传递一个代理对象作为一种具体类型到方法的情况下（希望是罕见的）。

## 12.3.4 使用@AspectJ

@AspectJ是用于切面的常规Java类注解。Spring采用了与AspectJ相同的注解风格，使用AspectJ提供的库进行切入点的解析和匹配。

**1．启用@AspectJ支持**

我们可以通过XML配置或者Java配置来启用@AspectJ支持。在某些情况下，你还需要确保AspectJ的aspectjweaver.jar库（1.6.8 或以上版本）在你的应用程序的类路径中。这个库可在AspectJ发布的 lib 目录中或通过Maven的中央仓库得到。

下面演示了使用@Configuration和@EnableAspectJAutoProxy注解来启用@AspectJ支持的例子：

```
@Configuration
@EnableAspectJAutoProxy
public class AppConfig {

}
```

基于XML的配置，可以使用<aop:aspectj-autoproxy/>元素：

```
<aop:aspectj-autoproxy/>
```

**2．声明切面**

在启用@AspectJ支持的情况下，在应用上下文中定义的任意带有一个@Aspect注解的切面的Bean都将被Spring自动识别并用于配置Spring AOP。以下例子展示了一个切面所需要的最小定义：

```
<bean id="myAspect" class="org.xyz.NotVeryUsefulAspect">
    <!-- 配置切面的属性 -->
</bean>
```

上面这个Bean指向一个使用了@Aspect注解的Bean类。下面是NotVeryUsefulAspect类的定义，使用了org.aspectj.lang.annotation.Aspect注解。

```
package org.xyz;
import org.aspectj.lang.annotation.Aspect;

@Aspect
public class NotVeryUsefulAspect {

}
```

**3．声明切入点**

Spring AOP只支持用Spring Bean方法执行连接点，所以你可以把切入点看作用于匹配Spring Bean上的方法执行。一个切入点声明有两个部分：一个是包含名字和任意参数的签名；还有一个是切入点表达式，该表达式决定了我们关注哪个方法的执行。在@AspectJ中，一个切入点实际就是一个普通的方法定义提供的一个签名。切入点表达式使用 @Pointcut注解来表示，需要注意的是，方法的返回类型必须是void。

下面例子定义了一个切入点“anyOldTransfer”，这个切入点匹配了任意名为transfer的方法的执行：

```
@Pointcut("execution(* transfer(..))")// 切入点表达式
private void anyOldTransfer() {}// 切入点签名
```

切入点表达式，也就是@Pointcut注解的值，是正规的AspectJ 5切入点表达式。

## 12.3.5 实例34：演示Spring AOP用法

下面我们用一个例子，来演示Spring AOP用法。

出于某些原因，业务服务的执行有时可能会失败。但我们希望操作能被重试，而不是直接抛出异常，以下是满足这个需求的实现：

```
@Aspect
public class ConcurrentOperationExecutor implements Ordered {

    private static final int DEFAULT_MAX_RETRIES=2;

    private int maxRetries=DEFAULT_MAX_RETRIES;
    private int order=1;

    public void setMaxRetries(int maxRetries) {
        this.maxRetries=maxRetries;
```

```
    }

    public int getOrder() {
        return this.order;
    }

    public void setOrder(int order) {
        this.order=order;
    }

    @Around("com.xyz.myapp.SystemArchitecture.businessService()")
    public Object doConcurrentOperation(ProceedingJoinPoint pjp) throws Throwable {
        int numAttempts=0;
        PessimisticLockingFailureException lockFailureException;
        do {
            numAttempts ++;
            try {
                return pjp.proceed();
            }
            catch(PessimisticLockingFailureException ex) {
                lockFailureException=ex;
            }
        } while(numAttempts<=this.maxRetries);
        throw lockFailureException;
    }
}
```

**注意**

该切面实现了Ordered接口，因此我们可以将切面的优先级设置为高于 transaction advice（我们每次重试时都需要一个新的事务）。maxRetries和order属性都将由Spring配置。上述实现将重试逻辑应用于所有businessService()方法，并会持续尝试，直到耗尽了所有的 maxRetries。

相应的Spring的配置如下：

```
<aop:aspectj-autoproxy/>

<bean id="concurrentOperationExecutor" class="com.xyz.myapp.service.impl.
ConcurrentOperationExecutor">
    <property name="maxRetries" value="3"/>
    <property name="order" value="100"/>
</bean>
```

## 12.4 本章小结

本章介绍了Spring框架核心概念，内容包括依赖注入、控制反转、AOP等。Spring框架是Spring Boot的基石，因此要想学好Spring Boot，则必须要理解Spring框架。

# 12.5 习题

1．请简述依赖注入和控制反转的异同点。

2．请简述AOP的概念以及作用。

# 第13章 Spring MVC及常用MediaType

本章介绍Spring MVC以及针对常用MediaType的处理。

## 13.1 Spring MVC简介

Spring MVC实现了Web开发中的经典的MVC模式。MVC由以下3部分组成。

- 模型（Model）：应用程序的核心功能，管理应用中用到的数据和值。
- 视图（View）：提供模型的展示，管理模型如何显示给用户，它是应用程序的外观。
- 控制器（Controller）：对用户的输入做出反应，管理用户和视图的交互，它是连接模型和视图的枢纽。

Spring MVC使用@Controller或@RestController注解的Bean来处理传入的HTTP请求，使用@RequestMapping注解将控制器中的方法映射到相应的HTTP请求。

以下是@RestController用于提供JSON数据的典型示例：

```
@RestController
@RequestMapping(value="/users")
public class MyRestController {

    @RequestMapping(value="/{user}", method=RequestMethod.GET)
    public User getUser(@PathVariable Long user) {
        ...
    }

    @RequestMapping(value="/{user}/customers", method=RequestMethod.GET)
    List<Customer> getUserCustomers(@PathVariable Long user) {
        ...
    }

    @RequestMapping(value="/{user}", method=RequestMethod.DELETE)
    public User deleteUser(@PathVariable Long user) {
        ...
    }
}
```

## 13.1.1 MVC是三层架构吗

你可能认为MVC的任何实现都可以被自动地视为三层架构的实现，但其实不是这样的。三层架构一般定义为以下层次。

- 表示层（Presentation Layer）：提供与用户交互的界面。GUI（Graphical User Interface，图形用户界面）和Web页面是表示层的两个典型例子。
- 业务层（Business Layer）：也称为业务逻辑层，用于实现各种业务逻辑。例如处理数据验证、根据特定的业务规则和任务来响应特定的行为。
- 数据访问层（Data Access Layer）：也称为数据持久层，负责存放和管理应用的持久化业务数据。

图13-1很好地展示了MVC各个组成部分所处的位置，以及三层架构与MVC的差异。

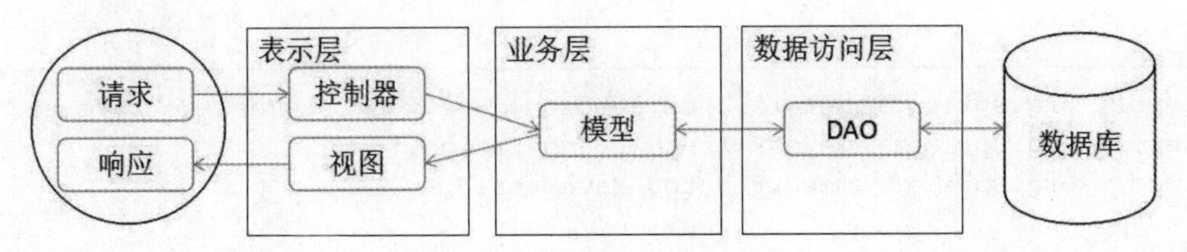


图 13-1 三层架构与 MVC 的差异

在每个MVC的实现中，有一个经常会出现的、简单的错误，就是数据库连接在哪里连接。在三层架构中，当接收到来自业务层的请求时，数据库的所有通信（包括打开连接）都在数据访问层内完成。表示层不能与数据库直接进行通信，它只能通过业务层与其通信。对于初学者来说，在使用MVC框架时，经常会将数据库连接放在控制器内，将连接对象传递给模型，然后在必要时使用它，这是一个错误。在控制器中会打开数据库连接，以便与数据库通信。这些连接随后被传递到实际上不使用该连接的不同模型组件，这样会导致连接资源的浪费。

MVC的实现中，另外一个经常出现的错误是，认为数据验证（有时称为“数据过滤”）应该在数据从控制器传递到模型之前执行。这不符合三层架构的定义，其中规定数据验证逻辑、业务逻辑和任务特定的行为应仅存在于业务层或模型组件内。将数据验证逻辑从模型中取出并将其放入控制器会导致控制器与模型之间形成紧耦合，因为控制器不能与不同的模型一起使用。而紧耦合的缺点在于更新一个模块的结果会导致其他模块的结果变化，难以重用特定的关联模块。松耦合将使控制器可以被多个模型类共享，而不是固定被一个模型类使用。

MVC的正确实现方式是，使用三层架构开发的应用程序应该将其数据验证逻辑、业务逻辑和任务特定行为局限于业务层。在表示层和数据访问层中不应该有应用逻辑，这样改变这两个层中的任一个都不会影响任何应用逻辑。

## 13.1.2 Spring MVC中的自动配置

Spring Boot提供了适用于大多数应用的Spring MVC自动配置。

自动配置在Spring的默认值基础之上添加了以下功能。

- 包含ContentNegotiatingViewResolver Bean和BeanNameViewResolver Bean。
- 支持静态资源的服务，包括对WebJars的支持。
- 自动注册Converter、GenericConverter、Formatter等Bean。

- 支持HttpMessageConverters。
- 自动注册MessageCodesResolver。
- 支持静态index.html。
- 支持自定义Favicon。
- 自动使用ConfigurableWebBindingInitializer Bean。

**1．HttpMessageConverters**

Spring MVC使用HttpMessageConverters接口来转换HTTP请求和响应，其默认值提供了开箱即用的功能。例如将Java对象自动转换为JSON（使用Jackson库）数据或XML（如果Jackson XML扩展不可用，则使用JAXB）数据，字符串默认使用UTF-8进行编码。

如果需要添加或自定义转换器，我们可以使用Spring Boot的HttpMessageConverters类实现。例如：

```
import org.springframework.boot.autoconfigure.web.HttpMessageConverters;
import org.springframework.context.annotation.*;
import org.springframework.http.converter.*;

@Configuration
public class MyConfiguration {

    @Bean
    public HttpMessageConverters customConverters() {
        HttpMessageConverter<?> additional=...
        HttpMessageConverter<?> another=...
        return new HttpMessageConverters(additional, another);
    }
}
```

**2．MessageCodesResolver**

MessageCodesResolver是Spring MVC中用于生成错误代码的策略，它可以从绑定错误中提取错误消息。我们可以在Spring Boot中设置MessageCodesResolver 的格式。其设置属性为spring.mvc.message-codes-resolver.format，值可以是PREFIX_ERROR_CODE（前缀错误代码）或POSTFIX_ERROR_CODE（后缀错误代码）。

**3．静态内容**

默认情况下，Spring Boot将从类路径或ServletContext的根目录中的名为/static、/public、/resources、/META-INF/resources的目录下加载静态内容，它使用Spring MVC中的ResourceHttpRequestHandler来实现。当然，你也可以通过添加自己的WebMvcConfigurerAdapter并覆盖addResourceHandlers方法来修改该行为。

默认情况下，资源映射到/**路径，但可以通过spring.mvc.static-path-pattern 配置来调整。例如，将所有资源重映射到/resources/**路径，可以通过以下配置方式实现。

```
spring.mvc.static-path-pattern=/resources/**
```

此外，还可以使用spring.resources.static-locations（目录位置列表替换默认值）来自定义静态资源位置。如果这样做，默认的欢迎页面检测将切换到设置的自定义静态资源位置。因此，如果在启动时应用的任何位置中有一个index.html，它将是应用的主页。

除了上述“标准”静态资源位置之外，Spring MVC还提供了一个特殊情况用于WebJars内容。如果使用WebJars格式打包，则在/webjars/**路径中的资源可以从JAR文件中提供。

#### 4．ConfigurableWebBindingInitializer

Spring MVC使用WebBindingInitializer为特定请求初始化WebDataBinder。如果你创建自己的ConfigurableWebBindingInitializer类型的@Bean，Spring Boot将自动配置Spring MVC以使用它。

#### 5．模板引擎

对于动态HTML内容的展示，模板引擎必不可少。Spring MVC支持Thymeleaf、FreeMarker和JSP等多种技术。对于Spring Boot而言，它支持FreeMarker、Groovy、Thymeleaf、mustache等模板引擎。

## 13.2 实例35：JSON类型数据的处理

JSON是一种轻量级的数据交换格式，具有良好的可读性和便于快速编写的特性。JSON是基于JavaScript编程语言的一个子集。由于JavaScript的流行，JSON也被越来越多的人认可。使用JSON可在不同平台之间进行数据交换。JSON采用兼容性很高的、完全独立于编程语言的文本格式，同时具备类C语言（包括C、C++、C#、Java、JavaScript、Perl、Python等）的特性，这些特性使JSON成为理想的数据交换格式。

本节示例源码（通过Spring Initializr初始化的一个Spring Boot应用）在“media-type-json”目录下。

### 13.2.1 实体及控制器

#### 1．创建实体User

创建com.waylau.springboot.mediatypejson.domain包，用于存放领域对象。

创建com.waylau.springboot.mediatypejson.domain.User实体类，用于返回用户信息。User是一个POJO。

User.java 代码如下：

```
public class User {
    private Long id; // 实体的唯一标识
    private String name;
    private String email;

    public User() { // 无参数的默认构造函数
```

```
    }

    public User(Long id, String name, String email) {
        this.id=id;
        this.name=name;
        this.email=email;
    }

    public Long getId() {
        return id;
    }

    public void setId(Long id) {
        this.id=id;
    }

    public String getName() {
        return name;
    }

    public void setName(String name) {
        this.name=name;
    }

    public String getEmail() {
        return email;
    }

    public void setEmail(String email) {
        this.email=email;
    }
}
```

**2．创建控制器UserController**

创建一个com.waylau.springboot.mediatypejson.controller.UserController类来作为本例处理不同MediaType 的控制器。

UserController.java 代码如下：

```
import com.waylau.springboot.mediatypejson.domain.User;
import org.springframework.web.bind.annotation.PathVariable;
import org.springframework.web.bind.annotation.RequestMapping;
import org.springframework.web.bind.annotation.RestController;

@RestController
@RequestMapping("/users")
public class UserController {

    @RequestMapping("/{id}")
    public User getUser(@PathVariable("id") Long id) {
```

```
        return new User(id,"waylau", "***@***.com");
    }
}
```

## 13.2.2 返回JSON类型数据

13.2.1小节的代码已经实现了一个能够处理JSON类型数据响应的接口。我们将应用运行起来，看一下实际的效果。

**1．运行应用**

运行应用后，在浏览器中访问http://localhost:8080/users/1 接口。

**2．查看返回数据**

页面上显示了JSON文本。也就是说，我们的请求返回的是JSON类型数据。

```
{"id":1,"name":"waylau","email":"***@***.com"}
```

为什么在我们没有做任何特殊设置的情况下，数据可以被自动转换成JSON类型？

还记得我们应用的依赖spring-boot-starter-web吗？如果你打开spring-boot-starter-web中的pom.xml，就会发现该应用依赖了spring-boot-starter-json这个专门用于处理JSON数据的Starter。

```
<dependencies>
    <dependency>
        <groupId>org.springframework.boot</groupId>
        <artifactId>spring-boot-starter</artifactId>
    </dependency>
    <dependency>
        <groupId>org.springframework.boot</groupId>
        <artifactId>spring-boot-starter-json</artifactId>
    </dependency>
    <dependency>
        <groupId>org.springframework.boot</groupId>
        <artifactId>spring-boot-starter-tomcat</artifactId>
    </dependency>
    <dependency>
        <groupId>org.hibernate</groupId>
        <artifactId>hibernate-validator</artifactId>
    </dependency>
    <dependency>
        <groupId>org.springframework</groupId>
        <artifactId>spring-web</artifactId>
    </dependency>
    <dependency>
        <groupId>org.springframework</groupId>
        <artifactId>spring-webmvc</artifactId>
    </dependency>
</dependencies>
```

如果我们打开spring-boot-starter-json的pom.xml，就可以看到spring-boot-starter-json主要依赖的是Jackson2库。

```
<dependencies>
    <dependency>
        <groupId>com.fasterxml.jackson.core</groupId>
        <artifactId>jackson-databind</artifactId>
    </dependency>
    <dependency>
        <groupId>com.fasterxml.jackson.datatype</groupId>
        <artifactId>jackson-datatype-jdk8</artifactId>
    </dependency>
    <dependency>
        <groupId>com.fasterxml.jackson.datatype</groupId>
        <artifactId>jackson-datatype-jsr310</artifactId>
    </dependency>
    <dependency>
        <groupId>com.fasterxml.jackson.module</groupId>
        <artifactId>jackson-module-parameter-names</artifactId>
    </dependency>
</dependencies>
```

Jackson2库是非常流行的处理JSON数据的类库。只要将Jackson2的路径放在classpath中，Spring Boot应用程序中任何使用了@RestController注解的类就会默认呈现JSON数据的响应。

## 13.2.3 Web 接口常用测试方式

在上面的例子中，我们直接在浏览器中访问接口的地址，就能看到返回的数据。但这种测试方式有一定的局限性，就是只能测试GET方法。如果有一个请求采用POST方法、PUT方法或者DELETE方法，那么这种测试方式就无能为力了。

**1. Firefox安装REST客户端插件**

为了方便测试REST接口（REST是Web里的规范之一），我们需要一款REST客户端插件来进行协助。由于笔者使用Firefox浏览器居多，因此推荐安装RESTClient或者HttpRequester插件。当然，你可以根据个人喜好来安装其他插件。

在Firefox“附加组件管理器”页面中，输入关键词“restclient”就能搜索到这两款插件的信息，然后单击“安装”按钮即可，如图13-2所示。

**2. 用HttpRequester来测试**

我们在运行应用后，可以对http://localhost:8080/users/1 接口进行测试。

我们在HttpRequester的“URL”中填写接口地址，而后单击“Submit”按钮来提交测试请求。在右侧的“RESPONSE”中，我们能看到返回的JSON数据。图13-3展示了HttpRequester的测试结果。

图 13-2　Firefox 安装 REST 客户端插件

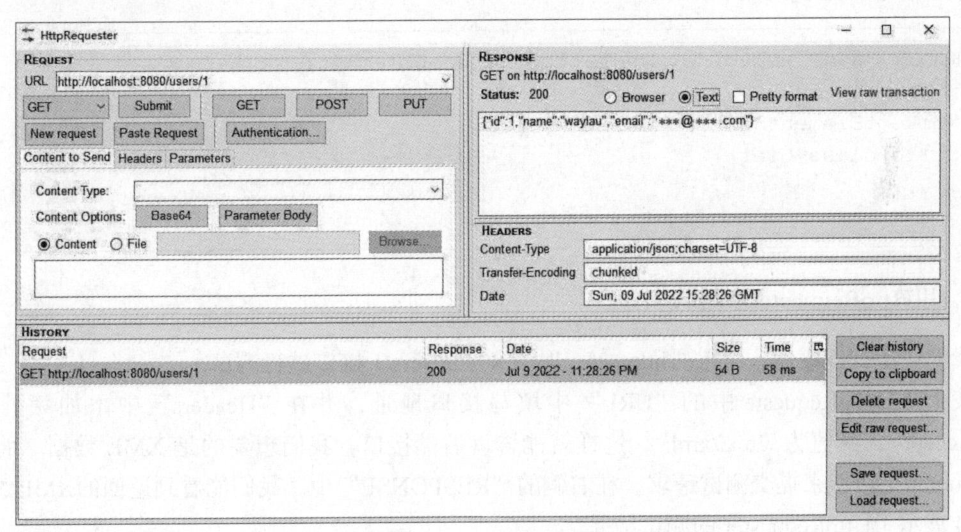


图 13-3　HttpRequester 的测试结果（JSON）

## 13.3 实例36：XML类型数据的处理

XML是Web Services的标准数据交换格式。虽然在当前的Web应用中越来越倾向于使用JSON格式，但在大部分旧应用中或者与第三方系统进行对接时，仍然可能会采用XML，所以本节将对XML类型数据的处理做相关的讲解。

本节示例源码将对在“media-type-json”应用的基础上创建“media-type-xml”应用进行演示。

### 13.3.1 返回XML类型数据

我们应用的依赖spring-boot-starter-web并没有默认对XML格式数据进行处理。所以要支持XML格式的数据响应，还需要添加相关的支持。

### 1．添加JAXB

修改User类，添加JAXB（Java Architecture for XML Binding）技术。JAXB是业界的一个标准，是一项可根据XML Schema产生Java类的技术。JAXB提供了将XML实例文档反向生成Java对象树的方法，并能将Java对象树的内容重新写到XML实例文档。换句话说，JAXB提供了快速而简便的方法将XML模式绑定到Java表示，使得Java开发人员在Java应用程序中能方便地结合XML数据和处理函数。

JAXB常用的注解包括@XmlRootElement、@XmlElement等。我们在User类上添加@XmlRootElement注解，以便将User映射为XML。

JAXB是由JDK提供接口，因此无须添加额外的类库。

### 2．修改User类

修改 User.java 代码如下：

```
import javax.xml.bind.annotation.XmlRootElement;

@XmlRootElement // 类转为XML
public class User {
    ...
}
```

### 3．用HttpRequester来测试

我们在运行程序后，可以对http://localhost:8080/users/1 接口进行测试。

我们在 HttpRequester中的“URL”中填写接口地址，并在“Headers”中添加额外的参数“Accept”，其值为“text/xml”，这样就能告诉后端接口，我们想要的是 XML 数据。而后单击“Submit”按钮来提交测试请求。在右侧的“RESPONSE”中，我们能看到返回的XML数据。图13-4 展示了HttpRequester 的测试结果。

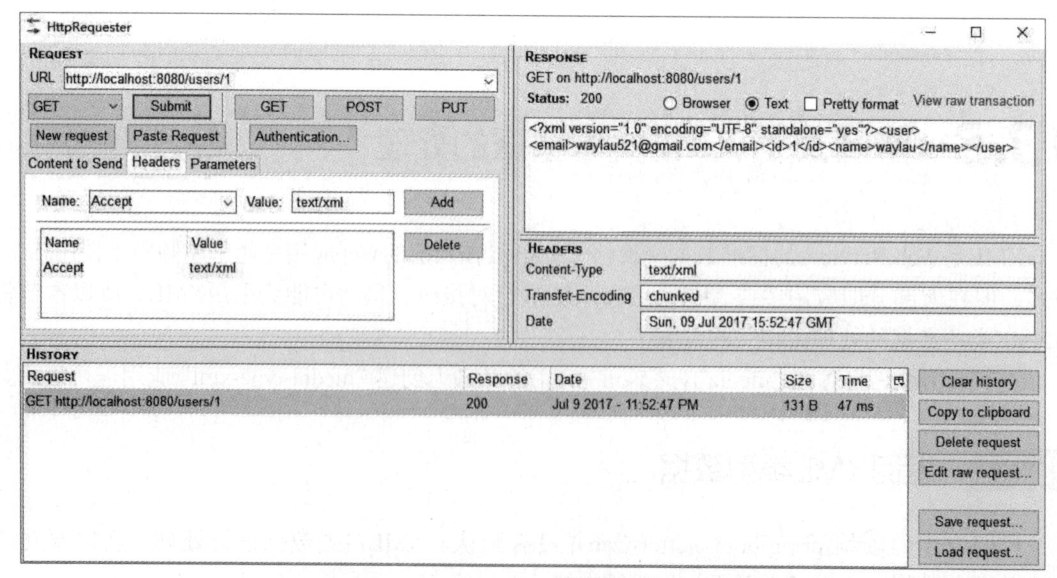


图 13-4　HttpRequester 的测试结果（XML）

### 13.3.2 第三方XML框架

除了JAXB外，很多第三方框架也提供了XML的支持。如果在类路径中具有Jackson XML扩展名（jackson-dataformat-xml），则将使用它来渲染 XML 响应，这样无须对代码做任何修改，就能直接用13.2节中的 media-type-json了。要使用它，我们需要在应用中添加以下依赖。

```
<dependency>
    <groupId>com.fasterxml.jackson.dataformat</groupId>
    <artifactId>jackson-dataformat-xml</artifactId>
</dependency>
```

另外一个比较不错的框架是Woodstox。它是一个快速、开源且符合StAX（Streaming API for XML）规范的XML处理器，并且还添加了打印支持和改进的命名空间处理。要使用它，我们需要在应用中添加以下依赖。

```
<dependency>
    <groupId>org.codehaus.woodstox</groupId>
    <artifactId>woodstox-core-asl</artifactId>
</dependency>
```

## 13.4 实例37：文件上传的处理

Spring框架内置处理Web应用程序中的文件上传的multipart功能。我们可以使用org.springframework.web.multipart包中定义的可插拔MultipartResolver对象来启用此功能。

### 13.4.1 MultipartResolver

MultipartResolver的实现方式主要有以下两种。

- CommonsMultipartResolver：这种实现方式主要依赖于Apache 提供的 Commons FileUpload库。
- StandardServletMultipartResolver：这种实现方式主要依赖于 Servlet 3.0 multipart 提供的解析。

#### 1．CommonsMultipartResolver

下面演示了如何使用CommonsMultipartResolver：

```
<bean id="multipartResolver"
    class="org.springframework.web.multipart.commons.CommonsMultipartResolver">
    <!-- 单个文件的最大容量（单位：B）-->
    <property name="maxUploadSize" value="100000"/>
</bean>
```

当然，要使用CommonsMultipartResolver来进行解析，我们需要确保commons-fileupload.jar放置在类路径中。

当Spring DispatcherServlet检测到文件上传的请求时，它将激活已在上下文中声明的解析器来处理请求。然后解析器将当前的HttpServletRequest包装到支持文件上传的MultipartHttpServletRequest中。

**2．StandardServletMultipartResolver**

因为StandardServletMultipartResolver主要依赖于Servlet 3.0 multipart提供的解析，所以要想使用StandardServletMultipartResolver，我们需要在web.xml中将DispatcherServlet标记为“multipart-config”；或者在编程式Servlet注册中使用javax.servlet.MultipartConfigElement；或者在定制Servlet类的情况下，在Servlet类上使用javax.servlet.annotation.MultipartConfig注解。

一旦使用上述方法之一启用Servlet 3.0 multipart解析，就可以将StandardServletMultipartResolver添加到Spring配置中。

```
<bean id="multipartResolver"
     class="org.springframework.web.multipart.support.StandardServletMultipart-
Resolver">
</bean>
```

需要注意的是，Servlet 3.0不允许在MultipartResolver中设置上传文件的大小等参数，需要在Servlet注册级别中设置。

### 13.4.2 通过Form表单来上传文件的例子

通过Form表单来上传文件主要有以下几个步骤。

**1．创建带有文件输入的Form表单**

创建带有文件输入的Form表单来允许用户上传表单。设置编码属性（enctype="multipart/form-data"）让浏览器知道如何将表单编码为multipart请求：

```
<html>
    <head>
        <title>上传文件</title>
    </head>
    <body>
        <h1>请上传文件</h1>
        <form method="post" action="/form" enctype="multipart/form-data">
            <input type="text" name="name"/>
            <input type="file" name="file"/>
            <input type="submit"/>
        </form>
    </body>
</html>
```

**2．创建处理文件请求的控制器**

像平常的控制器一样，这个控制器也要有@Controller注解。同时，在handleFormUpload()方法的参数中使用 MultipartHttpServletRequest或者MultipartFile：

```
@Controller
public class FileUploadController {

    @PostMapping("/form")
    public String handleFormUpload(@RequestParam("name") String name,
                    @RequestParam("file") MultipartFile file) {

        if (!file.isEmpty()) {
            byte[] bytes=file.getBytes();
            // 省略存储字节数据的步骤
            return "redirect:uploadSuccess";
        }
        return "redirect:uploadFailure";
    }
}
```

在这个例子中，笔者没有给出对byte[]的操作步骤。在实际的应用中，读者可以考虑将其保存在数据库中或将其存储在文件系统上。

当使用Servlet 3.0 multipart解析时，还可以使用javax.servlet.http.Part来作为方法参数：

```
@Controller
public class FileUploadController {

    @PostMapping("/form")
    public String handleFormUpload(@RequestParam("name") String name,
                    @RequestParam("file") Part file) {

        InputStream inputStream=file.getInputStream();
        // 省略存储字节数据的步骤
        return "redirect:uploadSuccess";
    }
}
```

### 13.4.3 RESTful API的文件上传

随着RESTful API逐渐流行，很多REST客户端都会有上传文件的需要。这些REST客户端包括非浏览器的设备。与通常提交表单来上传文件的浏览器不同，REST客户端还可以发送特定内容类型的复杂数据，例如除了上传文件的请求外，还使用了JSON格式的数据：

```
POST /someUrl
Content-Type: multipart/mixed

--edt7Tfrdusa7r3lNQc79vXuhIIMlatb7PQg7Vp
Content-Disposition: form-data; name="meta-data"
Content-Type: application/json; charset=UTF-8
Content-Transfer-Encoding: 8bit

{
```

```
    "name": "value"
}
--edt7Tfrdusa7r3lNQc79vXuhIIMlatb7PQg7Vp
Content-Disposition: form-data; name="file-data"; filename="file.properties"
Content-Type: text/xml
Content-Transfer-Encoding: 8bit
... File Data ...
```

为了处理方法参数，我们使用了@RequestPart注解，而不是使用@RequestParam注解。@RequestPart注解允许通过 HttpMessageConverter 来传递请求头中带有“Content-Type”参数的特定内容：

```
@PostMapping("/upload")
public String onSubmit(@RequestPart("meta-data") MetaData metadata,
                @RequestPart("file-data") MultipartFile file) {
    // 省略处理逻辑
}
```

在本例中，@RequestPart("meta-data") MetaData metadata方法参数将“Content-Type”头标识的内容读取为JSON内容，并在MappingJackson2HttpMessageConverter的帮助下对其进行转换。

## 13.5 本章小结

本章介绍了Spring MVC以及针对常用MediaType的处理。常用的MediaType包括JSON数据、XML数据和文件。

## 13.6 习题

1. 请简述MVC模式的基础概念及实现方式。
2. 请编写程序，实现使用Spring MVC处理JSON格式的数据。
3. 请编写程序，实现使用Spring MVC处理XML格式的数据。
4. 请编写程序，实现使用Spring MVC处理文件的上传。

# 第14章 数据持久化

数据持久化就是将内存中的数据模型转换为存储模型，以及将存储模型转换为内存中的数据模型的统称。数据模型可以是任何数据结构或对象模型，存储模型可以是关系模型、XML、二进制流等。

Java提供了JPA作为数据持久化的规范。Hibernate和Spring Data是实现JPA的常用框架。

## 14.1 JPA概述

JPA是用于管理Java EE和Java SE环境中的数据持久化以及ORM的Java API。

截至完稿时，JPA最新规范为“JSR 338: JavaTM Persistence 2.1”。目前，市面上实现该规范的常见JPA框架有EclipseLink、Hibernate、Apache OpenJPA等。本章主要介绍以Hibernate实现的JPA，且只对 JPA 做简单的介绍。读者如果要了解详细的 JPA 用法，可以参见笔者的开源书《Java EE编程要点》中“数据持久化”相关章节的内容。

### 14.1.1 JPA的产生背景

在JPA产生之前，围绕如何简化数据库操作的相关讨论已经层出不穷。众多厂商和开源社区都提供了数据持久层框架的实现，其中ORM框架最为开发人员所关注。

ORM是一种用于实现使用面向对象编程语言的不同类型系统中数据之间转换的技术。由于面向对象数据库系统（Object-Oriented Database System，OODBS）的实现在技术上还存在难点，目前市面上流行的数据库还是以关系型数据库为主。

关系型数据库使用的SQL是一种非过程化的面向集合的语言。目前许多应用仍然是使用高级程序设计语言（如Java）实现的，但高级程序设计语言是过程化的，而且是面向单个数据的，这使得SQL与它们之间存在着不匹配，这种不匹配称为“阻抗失配”。由于“阻抗失配”的存在，开发人员在使用关系型数据库时不得不花很多工夫去完成不同语言之间的相互转换。

而ORM框架的产生，正是为了简化这种转换操作。在编程语言中使用ORM，就可以使用面向对象的方式来完成数据库操作。

ORM框架的出现使直接存储对象成为可能，它将对象拆分成SQL语句来操作数据库。但是不同的ORM框架在使用上存在比较大的差异，这也导致开发人员需要学习各种不同的ORM框架，增加了技术学习的成本。

而JPA规范就用于规范ORM框架，以使用统一的ORM框架接口。这样，在采用了面向接口编程的技术中，即便更换不同的ORM框架，也无须变更业务逻辑。

最早的JPA规范是由Java官方提出，随Java EE 5规范一同发布的。

### 14.1.2 实体

在EJB 3之前，EJB主要包含3种类型：会话Bean、消息驱动Bean、实体Bean。但自EJB 3开始，实体Bean被单独分离出来，形成了新的规范——JPA，所以JPA完全可以脱离EJB 3来使用。实体是JPA中的核心概念。

实体（Entity）是轻量级的持久化领域对象。通常，实体表示关系型数据库中的表，并且每个实体实例对应于该表中的行。实体的主要编程对象是实体类，实体还可以使用辅助类。

实体的持久状态通过持久化字段或持久化属性来表示。这些字段或属性使用ORM映射注解将实体和实体关系映射为基础数据存储中的关系数据。

与实体在概念上比较接近的另外一个领域对象是值对象。实体是可以被跟踪的，通常会用一个主键（唯一标识）来追踪其状态。而值对象则没有这种标识，我们只关心值对象的属性。

一个实体类需满足以下条件。

- 类必须用javax.persistence.Entity注解。
- 类必须有一个public或protected的无参数构造函数，该类可以具有其他构造函数。
- 类不能声明为final。
- 如果实体实例被当作值以分离对象方式进行传递（例如通过会话Bean的远程业务接口），则该类必须实现Serializable接口。
- 实体可以扩展实体类或者非实体类，并且非实体类可以扩展实体类。
- 持久化实例变量必须声明为private、protected或package-private，并且只能通过实体类的方法直接访问。客户端必须通过访问器或业务方法访问实体的状态。

以下是一个用户（User）的实体例子：

```
@Entity // 实体
public class User {

    @Id // 主键
    @GeneratedValue(strategy=GenerationType.IDENTITY) // 自增长策略
    private Long id; // 实体的唯一标识
    private String name;
    private String email;

    protected User() { // 无参数的构造函数，设置为protected以防止直接被使用
    }

    public User(Long id, String name, String email) {
        this.id=id;
        this.name=name;
```

```
        this.email=email;
    }
    //省略 getter/setter方法
}
```

## 14.1.3 实体中的主键

每个实体都有唯一的对象标识符，例如，User实体可以通过id来标识。唯一的对象标识符或主键（Primary Key）使客户端能够定位特定实体实例。每个实体都必须有一个主键，实体可以具有简单主键或复合主键。

简单主键使用javax.persistence.Id注解来表示主键属性或字段。

当主键由多个属性组成时，使用复合主键。复合主键对应于一组单个持久化属性或字段，必须在主键类中定义，使用javax.persistence.EmbeddedId和javax.persistence.IdClass注解来表示。

主键或复合主键的属性/字段必须是以下Java数据类型之一。

- Java 基本数据类型。
- Java 基本数据类型的包装类型。
- java.lang.String。
- java.util.Date（时间类型应为DATE）。
- java.sql.Date。
- java.math.BigDecimal。
- java.math.BigInteger。

不应在主键中使用浮点型。自动生成的主键只能用整型。

主键类必须满足如下要求。

- 类的访问控制修饰符必须是public。
- 如果使用基于属性的访问，主键类的属性必须为public或protected。
- 类必须有一个公共默认构造函数。
- 类必须实现hashCode和equals(Object other)方法。
- 类必须是可序列化的。
- 复合主键必须被表示并映射到实体类的多个字段或属性，或者必须被表示并映射为可嵌入类。
- 如果类映射到实体类的多个字段或属性，则主键类中的主键字段或属性的名称和类型必须与实体类中对应字段或属性的名称和类型匹配。

以下主键类是复合主键，customerOrder和itemId字段一起唯一标识一个实体。

```
public final class LineItemKey implements Serializable {
    private Integer customerOrder;
    private int itemId;
    public LineItemKey() {}
    public LineItemKey(Integer order, int itemId) {
        this.setCustomerOrder(order);
        this.setItemId(itemId);
    }
```

```
        @Override
        public int hashCode() {
            return ((this.getCustomerOrder()==null ? 0 : this.getCustomerOrder().
hashCode()) ^ ((int) this.getItemId()));
        }

        @Override
        public boolean equals(Object otherOb) {
            if (this==otherOb) {
                return true;
            }
            if (!(otherOb instanceof LineItemKey)) {
                return false;
            }
            LineItemKey other=(LineItemKey) otherOb;
            return ((this.getCustomerOrder()==null ?
                    other.getCustomerOrder()==null : this.getCustomerOrder().
                    equals(other.getCustomerOrder())) &&
                            (this.getItemId()
==other.getItemId()));
        }

        @Override
        public String toString() {
            return ""+getCustomerOrder()+"-"+getItemId();
        }
        /* getter/setter方法 */
    }
```

### 14.1.4 实体间的关系

实体之间一般具有如下类型的关系。

- 一对一（One-To-One）：实体实例可以与另一个实体的单个实例相关。一对一关系使用对应的持久化属性或字段上的javax.persistence.OneToOne注解。
- 一对多（One-To-Many）：实体实例可以与其他实体的多个实例相关。例如，销售订单可以有多个订单项，在订单应用程序中CustomerOrder 将与LineItem具有一对多关系。一对多关系使用对应的持久化属性或字段上的javax.persistence.OneToMany注解。
- 多对一（Many-To-One）：实体的多个实例可以与另一个实体的单个实例相关。这种关系与一对多关系相反。在刚刚提到的示例中，从 LineItem 的角度来看，与 CustomerOrder 的关系是多对一的。多对一关系使用对应的持久化属性或字段上的javax.persistence.ManyToOne注解。
- 多对多（Many-To-Many）：实体的多个实例可以与另一个实体的多个实例相关。例如，每门大学课程有很多学生学习，每名学生可以学习多门课程。因此，在注册申请中，课程与学生将具有多对多关系。多对多关系使用对应的持久化属性或字段上的javax.persistence.ManyToMany注解。

实体间关系中的方向可以是双向或单向的。双向关系具有拥有方（Owner Side）和被拥有方

（Inverse Side），单向关系只有拥有方。关系的拥有方决定 Persistence 运行时如何更新数据库中的关系。

### 1．双向关系

在双向关系中，每个实体都有一个引用自另一个实体的关系字段或属性。通过关系字段或属性，实体类的代码可以访问其相关对象。如果实体具有相关字段或属性，则该实体被称为“知道”其相关对象。例如，如果 CustomerOrder 知道它具有什么 LineItem 实例，并且如果 LineItem 知道它属于哪个 CustomerOrder，则它们具有双向关系。

双向关系必须遵循以下规则。

- 双向关系的反面必须通过使用@OneToOne、@OneToMany或@ManyToMany注解的mappedBy元素引用其拥有方。mappedBy元素指定实体中关系拥有方的属性或字段。
- 多对一双向关系的许多方面不能定义mappedBy元素。
- 对于一对一双向关系，拥有方对应于包含相应外键的一方。
- 对于多对多双向关系，任一方可以是拥有方。

### 2．单向关系

在单向关系中，只有一个实体具有引用自另一个实体的关系字段或属性。例如，LineItem 将具有标识产品（Product）的关系字段，但产品不具有 LineItem 的关系字段或属性。换句话说，LineItem 知道产品，但产品不知道哪些 LineItem 实例引用它。

### 3．查询和关系的方向

JPQL（Java Persistence Query Language，Java持久化查询语言）查询和 Criteria API 查询通常在关系之间导航。关系的方向用于确定查询是否可以从一个实体导航到另一个实体。例如，查询可以从 LineItem 导航到 Product，但不能以相反的方向导航。对于 CustomerOrder 和 LineItem，查询可以在两个方向上导航，因为这两个实体具有双向关系。

### 4．级联操作和关系

使用关系的实体通常依赖于关系中的另一个实体。例如，订单项是订单的一部分，如果订单被删除，订单项也应该被删除，这被称为级联删除关系。

javax.persistence.CascadeType枚举类型定义在关系注解的cascade元素中应用的级联操作。表14-1列出了实体的级联操作。

**表14-1　实体的级联操作**

| 级联操作 | 描述 |
|---|---|
| ALL | ALL 级联操作将应用于父实体的相关实体，等同于指定 cascade={DETACH, MERGE, PERSIST, REFRESH, REMOVE} |
| DETACH | 如果父实体与持久化上下文分离，则相关实体也将被分离 |
| MERGE | 如果父实体被合并到持久化上下文中，则相关实体也将被合并 |
| PERSIST | 如果父实体被持久化到持久化上下文中，则相关实体也将被持久化 |
| REFRESH | 如果父实体在当前持久化上下文中被刷新，则相关实体也将被刷新 |
| REMOVE | 如果父实体在当前持久化上下文中被删除，则相关实体也将被删除 |

级联删除关系使用@OneToOne和@OneToMany的cascade=REMOVE元素指定。例如：

```
@OneToMany(cascade=REMOVE, mappedBy="customer")
public Set<CustomerOrder> getOrders() { return orders; }
```

**5．删除关系中的孤儿**

当从关系中去除一对一或一对多关系中的目标实体时，通常希望将删除操作级联到目标实体，这样的目标实体被认为是“孤儿”，orphanRemoval属性可以用于指定应该被移除的孤立实体。例如，如果订单有许多订单项，其中一个订单项从订单中删除，则删除的订单项将被视为孤儿。如果orphanRemoval设置为true，则在从订单中删除订单项时，订单项实体将被删除。

@OneToMany和@OneToOne中的orphanRemoval属性采用布尔值，默认值为 false。

以下示例将在删除客户实体时将删除操作级联到孤儿订单实体：

```
@OneToMany(mappedBy="customer", orphanRemoval="true")
public List<CustomerOrder> getOrders() { ... }
```

### 14.1.5 实体中的可嵌入类

可嵌入类用于表示实体的状态，但不具有它们自己的持久化标识，这一点与实体类不同。可嵌入类的实例共享拥有它的实体的身份。可嵌入类仅作为另一个实体的状态存在，实体可以具有单个或多个可嵌入类属性。

可嵌入类与实体类具有相同的规则，但是使用javax.persistence.Embeddable而不是使用@Entity进行注解。

以下可嵌入类 ZipCode 具有字段 zip 和 plusFour：

```
@Embeddable
public class ZipCode {
    String zip;
    String plusFour;
    ...
}
```

以下是可嵌入类在 Address 实体中的使用：

```
@Entity
public class Address {
    @Id
    protected long id
    String street1;
    String street2;
    String city;
    String province;
    @Embedded
    ZipCode zipCode;
    String country;
```

```
    ...
}
```

拥有可嵌入类作为其持久状态的一部分的实体可以使用javax.persistence.Embedded来注解字段或属性，但不是必须这样做。

可嵌入类本身可以使用其他可嵌入类来表示它们的状态，它们还可以包含Java 基本数据类型或其他可嵌入类的集合。可嵌入类也可以包含与其他实体或实体集合的关系。如果可嵌入类有这样的关系，则关系方向是从目标实体或实体集合映射到拥有可嵌入类的实体。

## 14.1.6 实体继承

实体支持类继承、多态关联和多态查询。实体类可以扩展非实体类，非实体类也可以扩展实体类。实体类可以是抽象的和具体的。

**1. 抽象实体**

抽象类可以通过@Entity来声明一个抽象实体。抽象实体就像具体实体，但不能实例化。

抽象实体可以像具体实体一样被查询。如果查询的目标是抽象实体，则查询对抽象实体的所有具体子类进行操作。

```
@Entity
public abstract class Employee {
    @Id
    protected Integer employeeId;
    ...
}
@Entity
public class FullTimeEmployee extends Employee {
    protected Integer salary;
    ...
}
@Entity
public class PartTimeEmployee extends Employee {
    protected Float hourlyWage;
}
```

**2. 映射超类**

实体能够继承自一个超类。这个超类提供了持久化实体状态（即属性或字段）和映射信息，但它本身不是一个实体。也就是说，超类不使用@Entity注解进行修饰，并且不由Java Persistence提供程序映射为实体。当多个实体类具有共用的状态和映射信息时，经常使用超类。

映射的超类通过注解javax.persistence.MappedSuperclass来指定：

```
@MappedSuperclass
public class Employee {
    @Id
    protected Integer employeeId;
    ...
```

```
}
@Entity
public class FullTimeEmployee extends Employee {
    protected Integer salary;
    ...
}
@Entity
public class PartTimeEmployee extends Employee {
    protected Float hourlyWage;
    ...
}
```

映射的超类不能被查询，不能在EntityManager或Query操作中使用。必须在EntityManager或Query操作中使用映射的超类的实体子类。映射的超类不能是实体关系的目标，映射的超类可以是抽象的或具体的。

映射的超类在底层数据存储中没有任何对应的表，从映射的超类继承的实体定义表映射。例如，在上面的代码示例中，基础表将是FULLTIMEEMPLOYEE和PARTTIMEEMPLOYEE，但没有EMPLOYEE表。

**3．非实体超类**

实体可以具有非实体超类，并且这些超类可以是抽象的或具体的。非实体超类的状态是非持久的，并且通过实体类从非实体超类继承的任何状态都是非持久的。非实体超类不能在EntityManager或Query操作中使用。EntityManager将忽略非实体超类中的任何映射或关系注解。

**4．实体继承映射策略**

我们可以配置Java Persistence提供程序，通过使用注解javax.persistence.Inheritance装饰类层次结构的根类来将继承的实体映射到基础数据库。以下映射策略用于将实体数据映射到底层数据库。

- SINGLE_TABLE策略：父类实体和子类实体共用一张数据表，在表中通过一列辨别字段来区别不同类别的实体。
- TABLE_PER_CLASS策略：父类实体和子类实体每个类分别对应一张数据库中的表，子类表中保存所有属性，包括从父类实体中继承的属性。
- JOINED策略：父类实体和子类实体分别对应数据库中不同的表，子类实体的表中只存在其扩展的特殊属性，父类的公共属性保存在父类实体映射表中。

策略通过将@Inheritance的strategy元素设置为javax.persistence.InheritanceType枚举类型中定义的选项之一来配置。

```
public enum InheritanceType {
    SINGLE_TABLE,
    JOINED,
    TABLE_PER_CLASS
};
```

如果未在实体层次结构的根类上指定@Inheritance注解，则使用默认策略 InheritanceType.SINGLE_TABLE。

### 5. 连接子类策略

在连接子类策略中，对应于InheritanceType.JOINED，类层次结构的根类由单个表表示，每个子类具有单独的表，其中仅包含对应该子类的特定字段。也就是说，子类表不包含用于继承的字段或属性的对应列。子类表还具有表示其主键的一个或多个列，其是超类表的主键的外键。

此策略为多态关系提供良好的支持，但需要在实例化实体子类时执行一个或多个连接操作，这可能导致广泛的类层次结构的性能差。类似地，覆盖整个类层次结构的查询需要子类表之间的连接操作，从而导致性能降低。

某些Java Persistence API 提供程序（包括GlassFish Server中的默认提供程序）在使用连接子类策略时需要一个与根实体对应的鉴别器列（Discriminator Column）。如果未在应用中使用自动表创建，需要确保针对标识符列缺省值正确设置数据表或使用@DiscriminatorColumn注解来匹配数据库模式。

## 14.1.7 管理实体

实体由实体管理器管理，它由javax.persistence.EntityManager实例表示。每个EntityManager实例（存在于特定数据存储中的一组受管实体实例）与持久化上下文相关联。持久化上下文定义了创建、持久化和删除特定实体实例的范围。EntityManager接口定义用于与持久化上下文进行交互的方法，可以用于创建和删除持久化实体实例，通过实体的主键查找实体，并允许在实体上运行查询。

### 1. 容器管理的实体管理器

对于容器管理的实体管理器，EntityManager实例的持久化上下文由容器自动传播到在单个Java Transaction API（Java事务API，JTA）事务中使用EntityManager实例的所有应用组件。

JTA事务通常涉及跨应用组件的调用。要完成JTA事务，这些组件通常需要访问单个持久化上下文。当 EntityManager 通过javax.persistence.PersistenceContext注解注入应用组件时，持久化上下文自动地与当前JTA事务一起传播，并且映射到相同持久化单元的EntityManager引用提供对该事务内的持久化上下文的访问。通过自动传播持久化上下文，应用组件不需要将对EntityManager实例的引用彼此传递，以便在单个事务中进行更改。Java EE容器管理实体管理器的生命周期。

要获取EntityManager实例，请将实体管理器注入应用组件：

```
@PersistenceContext
EntityManager em;
```

### 2. 应用管理的实体管理器

对于应用管理的实体管理器，持久化上下文不会传播到应用组件，并且EntityManager实例的生命周期由应用管理。

当应用需要访问不通过特定持久化单元中的EntityManager实例使用JTA事务传播的持久化上下文时，使用应用管理的实体管理器。在这种情况下，每个EntityManager 创建一个新的、隔离的持久化上下文。EntityManager及其相关联的持久化上下文由应用显式创建和销毁。它们也用于直接注入EntityManager实例无法完成时，因为EntityManager实例不是线程安全的，EntityManagerFactory实例是线程安全的。

在这种情况下，应用使用javax.persistence.EntityManagerFactory的createEntityManager()方法创建EntityManager实例。

要获取EntityManager实例，首先必须通过javax.persistence.PersistenceUnit注解将EntityManagerFactory实例注入应用组件：

```
@PersistenceUnit
EntityManagerFactory emf;
```

然后从 EntityManagerFactory 获得 EntityManager：

```
EntityManager em=emf.createEntityManager();
```

应用管理的实体管理器不会自动传播JTA事务上下文。当执行实体操作时，这样的应用需要手动地获得对 JTA事务管理器的访问且添加事务划分信息。javax.transaction.UserTransaction接口定义用于开始、提交和回滚事务的方法。通过创建用@Resource注解的实例变量来注入 UserTransaction 的实例：

```
@Resource
UserTransaction utx;
```

要开始事务，可调用UserTransaction.begin()方法。当所有实体操作完成时，调用UserTransaction.commit()方法提交事务。UserTransaction.rollback()方法用于回滚当前事务。

以下示例显示如何在使用应用管理的实体管理器的应用程序中管理事务：

```
@PersistenceUnit
EntityManagerFactory emf;
EntityManager em;
@Resource
UserTransaction utx;
...
em=emf.createEntityManager();
try {
    utx.begin();
    em.persist(SomeEntity);
    em.merge(AnotherEntity);
    em.remove(ThirdEntity);
    utx.commit();
} catch (Exception e) {
    utx.rollback();
}
```

**3．使用EntityManager查找实体**

EntityManager.find方法用于通过实体的主键在数据存储中查找实体：

```
@PersistenceContext
EntityManager em;
```

```
public void enterOrder(int custID, CustomerOrder newOrder) {
    Customer cust=em.find(Customer.class, custID);
    cust.getOrders().add(newOrder);
    newOrder.setCustomer(cust);
}
```

**4．管理实体实例的生命周期**

通过EntityManager实例调用实体上的操作来管理实体实例。实体实例处于4种状态之一：新建（new）、受管（managed）、分离（detached）或删除（removed）。

- 新建的实体实例没有持久化标识，并且尚未与持久化上下文相关联。
- 受管的实体实例具有持久化标识，并且与持久化上下文相关联。
- 分离的实体实例具有持久化标识，并且当前不与持久化上下文相关联。
- 删除的实体具有持久化标识，与持久化上下文相关联，并且被调度为从数据存储中移除。

**5．持久化实体实例**

新建实体实例通过调用persist()方法或在关系注解中设置了cascade=PERSIST或cascade=ALL元素的相关实体调用的级联persist操作来实现管理和持久化。这意味着当与persist操作相关联的事务完成时，实体的数据将被存储到数据库。如果实体已经被管理，则persist操作将被忽略，尽管persist操作将级联到在关系注解中将cascade元素设置为PERSIST或ALL的相关实体。如果在删除的实体实例上调用persist，则该实体将成为受管实体。如果实体被分离，则persist将抛出IllegalArgumentException，否则事务提交将失败。以下方法执行persist操作：

```
@PersistenceContext
EntityManager em;
...
public LineItem createLineItem(CustomerOrder order, Product product,
        int quantity) {
    LineItem li = new LineItem(order, product, quantity);
    order.getLineItems().add(li);
    em.persist(li);
    return li;
}
```

persist 操作传播到与在关系注解中将cascade元素设置为ALL或PERSIST的调用实体相关的所有实体：

```
@OneToMany(cascade=ALL, mappedBy="order")
public Collection<LineItem> getLineItems() {
    return lineItems;
}
```

**6．删除实体实例**

通过调用remove()方法删除实体实例或通过相关实体调用级联remove操作来删除实体实例（前提是设置了cascade=REMOVE或cascade=ALL）。如果对新实体调用remove方法，则忽略remove操作，尽管remove将级联到在关系注解中将cascade元素设置为REMOVE或ALL的相关实体。如果在分离的实体上调用remove，则remove将抛出 IllegalArgumentException，否则事务提交将失败。如果在已删除的实体上调用remove，则会忽略remove操作。当事务完成或作为flush操作的结果时，实体的数据将从数据存储中移除。

在以下示例中，与订单关联的所有LineItem实体也被删除，因为CustomerOrder.getLineItems在关系注解中设置了cascade=ALL。

```
public void removeOrder(Integer orderId) {
    try {
        CustomerOrder order=em.find(CustomerOrder.class, orderId);
        em.remove(order);
    }
...
}
```

**7．将实体数据同步到数据库**

当与实体相关联的事务提交时，持久化实体的状态被同步到数据库。如果受管实体与另一个受管实体具有双向关系，则数据将基于关系的拥有方被持久化。

要强制将受管实体同步到数据库，我们需要调用EntityManager实例的flush()方法。如果实体与另一个实体相关，并且关系注解具有设置为PERSIST或ALL的cascade元素，则调用flush()时，相关实体的数据将与数据库同步。

如果实体被删除，调用flush将从数据存储中删除实体数据。

**8．持久化单元**

持久化单元（Persistence Unit）定义由应用程序中的EntityManager实例管理的所有实体类的集合。这组实体类表示包含在单个数据存储中的数据。

持久化单元由persistence.xml配置文件定义。以下是persistence.xml文件的示例：

```
<persistence>
    <persistence-unit name="OrderManagement">
        <description>This unit manages orders and customers.
            It does not rely on any vendor-specific features and can
            therefore be deployed to any persistence provider.
        </description>
        <jta-data-source>jdbc/MyOrderDB</jta-data-source>
        <jar-file>MyOrderApp.jar</jar-file>
        <class>com.widgets.CustomerOrder</class>
        <class>com.widgets.Customer</class>
    </persistence-unit>
</persistence>
```

此文件定义名为OrderManagement的持久化单元，该单元使用支持JTA的数据源jdbc/MyOrderDB。<jar-file>和<class>元素指定管理的持久类，包括实体类、可嵌入类和映射超类。<jar-file>元素指定包装管理的持久类的打包持久化单元可见的JAR文件，而<class>元素显式地命名管理的持久类。

<jta-data-source>（用于JTA感知的数据源）和<non-jta-data-source>（用于非JTA感知的数据

源）元素指定要由容器使用的数据源的全局JNDI名称。

META-INF目录包含persistence.xml的JAR文件或目录时称为持久化单元的根。持久化单元的范围由持久化单元的根确定。每个持久化单元必须使用对持久化单元范围唯一的名称标识。

持久化单元可以打包为WAR文件或EJB JAR文件的一部分，也可以打包为JAR文件，然后包含在WAR文件或EAR文件中。

- 如果将持久化单元打包为EJB JAR文件中的一组类，那么persistence.xml应位于EJB JAR文件的META-INF目录中。
- 如果将持久化单元打包为WAR文件中的一组类，那么persistence.xml应位于WAR文件的WEB-INF/classes/META-INF 目录中。
- 如果将持久化单元打包到将包含在WAR文件或EAR文件中的JAR文件中，则JAR文件应位于WAR文件的WEB-INF/lib目录或者EAR文件的库目录。

**注意**

在Java Persistence API 1.0中，JAR文件可以位于EAR文件的根位置，作为持久化单元的根，这个特性在新版本中不再支持。便携式应用程序应该使用EAR文件的库目录作为持久化单元的根。

### 14.1.8 查询实体

Java Persistence API提供以下用于查询实体的方法。

- JPQL是一种简单的基于字符串的语言，类似用于查询实体及其关系的SQL。
- Criteria API使用Java编程语言接口来创建类型安全查询，以查询实体及其关系。

JPQL和Criteria API都有其优点及缺点。

JPQL查询通常比Criteria API查询更简洁、更易读，熟悉SQL的开发人员会发现学习JPQL的语法很容易。JPQL命名查询可以在实体类中使用Java编程语言注解或在应用程序的部署描述符中定义。但是，JPQL查询不是类型安全的，并且在从实体管理器检索查询结果时需要转换。这意味着它在编译时可能不会捕获类型转换错误。此外，JPQL查询不支持开放式参数。

Criteria API查询允许开发人员在应用程序的业务层中定义查询。虽然也可以使用JPQL动态查询，但是因为每次调用JPQL动态查询时都必须解析，存在性能损耗，所以建议使用Criteria API查询。Criteria API查询是类型安全的，因此不需要转换。就像JPQL查询那样，Criteria API只是一种Java编程语言接口，不需要开发人员学习另一种查询语言的语法。Criteria API查询通常比JPQL查询更详细，并且需要开发人员在向实体管理器提交查询之前创建多个对象并对这些对象执行操作。

### 14.1.9 数据库模式创建

持久化提供程序可以配置为在应用程序部署期间使用应用程序部署描述符中的标准属性自动创建数据表、将数据加载到表中，以及删除表。这些任务通常在项目发布的开发阶段使用，而不是针对生产数据库。

以下是persistence.xml部署描述符的示例。它指定提供程序应使用提供的脚本删除所有数据库对象、使用提供的脚本创建对象，以及在部署应用程序时从提供的脚本中加载数据。

```
<?xml version="1.0" encoding="UTF-8"?>
<persistence version="2.1" xmlns="http://xmlns.jcp.org/xml/ns/persistence"
 xmlns:xsi="http://www.w3.org/2001/XMLSchema-instance"
 xsi:schemaLocation="http://xmlns.jcp.org/xml/ns/persistence
 http://xmlns.jcp.org/xml/ns/persistence/persistence_2_1.xsd">
  <persistence-unit name="examplePU" transaction-type="JTA">
    <jta-data-source>java:global/ExampleDataSource</jta-data-source>
    <properties>
        <property name="javax.persistence.schema-generation.database.action"
                  value="drop-and-create"/>
        <property name="javax.persistence.schema-generation.create-source"
                  value="script"/>
        <property name="javax.persistence.schema-generation.create-script-source"
                  value="META-INF/sql/create.sql"/>
        <property name="javax.persistence.sql-load-script-source"
                  value="META-INF/sql/data.sql"/>
        <property name="javax.persistence.schema-generation.drop-source"
                  value="script"/>
        <property name="javax.persistence.schema-generation.drop-script-source"
                  value="META-INF/sql/drop.sql"/>
    </properties>
  </persistence-unit>
</persistence>
```

## 14.2 Spring Data JPA

Spring Data JPA是庞大的Spring Data家族的一部分，其可以轻松实现基于JPA的资源库。该模块用于处理基于JPA的数据访问层的增强支持，它使得构建基于Spring数据访问技术栈的应用程序更容易。

通过对14.1节的学习，我们知道了JPA是一套规范，这样在使用不同ORM实现的时候，可以只关注JPA里面的接口，而无须关注具体的实现。同时JPA提供了EntityManager接口来管理实体。

然而，Spring Data JPA对于JPA的支持则更进一步。使用Spring Data JPA，开发人员无须过多关注EntityManager的创建、事务处理等JPA相关的处理，这一点基本上是一个开发框架所能做的极限了。使用Spring Data JPA甚至让开发人员连实现持久层业务逻辑的工作都省了，唯一要做的就是声明持久层的接口，其他工作都交给Spring Data JPA来完成。

Spring Data JPA就是这么强大，其简化数据持久层开发工作只需开发人员声明一个接口。例如，开发人员声明了findUserById方法，Spring Data JPA就能判断出它用于根据给定条件的ID查询出满足条件的User对象，而有关其中的实现过程，开发人员无须关心，这一切都交予Spring Data JPA来完成。

### 14.2.1 Spring Data是什么

Spring Data是一个用于简化数据库访问且支持云服务的开源框架，其主要目标是使对数据的访问变得方便、快捷，并支持Map Reduce框架和云计算数据服务。Spring Data包含如下子项目。

- Spring Data Commons：提供共享的基础框架，适合各个子项目使用，支持跨数据库持久化。
- Spring Data JPA：用于简化创建JPA数据访问层和跨存储的持久层功能。
- Spring Data Apache Hadoop：提供基于Spring的Hadoop作业配置和一个采用POJO编程模型的MapReduce作业。
- Spring Data KeyValue：集成Redis和Riak，提供多个常用场景下的简单封装。
- Spring Data JDBC Extensions：支持Oracle RAD、高级队列和高级数据类型。

此外，Spring Data家族还包括Spring Data Elasticsearch、Spring Data MongoDB等，这些都是针对Elasticsearch、MongoDB等NoSQL提供的数据访问层框架。

简而言之，Spring Data旨在统一包括数据库系统和NoSQL数据存储在内的不同持久化存储的访问方式，让开发人员通过统一的接口进行功能的实现。

## 14.2.2 Spring Data JPA特性

Spring Data JPA是对JPA规范的实现。

对于普通开发人员而言，实现应用程序的数据访问层是极其烦琐的。开发人员必须编写许多样板代码来执行简单查询、分页和审计。Spring Data JPA旨在通过将代码努力减少到实际需要的量来显著改进数据访问层的实现。作为开发人员，只需要编写资源库的接口（包括自定义查询方法），而这些接口的实现，Spring Data JPA将会自动提供。

Spring Data JPA包含如下特征。

- 基于Spring和JPA来构建复杂的资源库。
- 支持 QueryDSL谓词，因此支持类型安全的JPA查询。
- 支持域类的透明审计。
- 具备分页支持、动态查询执行、集成自定义数据访问代码的功能。
- 在引导时验证@Query附带注解的查询。
- 支持基于 XML 的实体映射。
- 通过引入@EnableJpaRepositories来实现基于JavaConfig的资源库配置。

## 14.2.3 如何使用Spring Data JPA

在应用中使用spring-data-jpa时，推荐使用依赖关系管理系统。下面是使用 Gradle 构建的示例：

```
dependencyManagement {
    imports {
        mavenBom "org.springframework.data:spring-data-bom:${springDataVersion}"
    }
}

dependencies {
```

```
    compile 'org.springframework.data:spring-data-jpa'
}
```

在代码中，我们只需声明代码继承自Spring Data JPA中的接口：

```
import org.springframework.data.jpa.repository.JpaRepository;
...
public interface UserRepository extends JpaRepository<User, Long>{
      List<User> findByNameLike(String name);
}
```

在这里的例子中，我们的代码继承自Spring Data JPA中的JpaRepository接口，而后声明相关的方法即可。例如声明 findByNameLike，就能自动实现通过名称来模糊查询的方法。

## 14.2.4 Spring Data的核心概念

Spring Data 资源库抽象中的中央接口是Repository，它将域类以及域类的ID类型作为类型参数进行管理。此接口主要作为标记接口捕获要使用的类型，开发人员可以扩展此接口。而CrudRepository为受管理的实体类提供复杂的CRUD（创建：Create；读取：Read；更新：Update；删除：Delete）功能。

```
public interface CrudRepository<T, ID extends Serializable>
    extends Repository<T, ID> {
    <S extends T> S save(S entity);          //（1）
    T findOne(ID primaryKey);                //（2）
    Iterable<T> findAll();                   //（3）
    Long count();                            //（4）
    void delete(T entity);                   //（5）
    boolean exists(ID primaryKey);           //（6）
    // 省略更多方法
}
```

CrudRepository接口中的方法含义如下。

（1）保存给定实体。

（2）返回由给定ID标识的实体。

（3）返回所有实体。

（4）返回实体的数量。

（5）删除给定的实体。

（6）指示是否存在具有给定ID的实体。

Repository还提供其他特定的持久化技术的抽象，例如JpaRepository或MongoRepository，这些接口扩展了CrudRepository。

在CrudRepository的顶部有一个PagingAndSortingRepository抽象，它增加了额外的方法来简化对实体的分页访问：

```
public interface PagingAndSortingRepository<T, ID extends Serializable>
  extends CrudRepository<T, ID> {
  Iterable<T> findAll(Sort sort);
```

```
  Page<T> findAll(Pageable pageable);
}
```

例如，每页大小为20，如果想访问第二页的数据，你可以简单地做以下这样的调整：

```
PagingAndSortingRepository<User, Long> repository=…// 获取Bean
Page<User> users=repository.findAll(new PageRequest(1, 20));
```

除了上述一般的查询方法之外，还可以使用计数查询和删除查询。

派生计数查询：

```
public interface UserRepository extends CrudRepository<User, Long> {
  Long countByLastname(String lastname);
}
```

派生删除查询：

```
public interface UserRepository extends CrudRepository<User, Long> {
  Long deleteByLastname(String lastname);
  List<User> removeByLastname(String lastname);
}
```

## 14.2.5 查询方法

对于底层数据存储的管理，我们通常使用具备标准CRUD功能的资源库来实现。使用Spring Data声明查询方法将会令其变得简单，只需要以下4步。

**1．声明扩展Repository或其子接口之一的接口**

声明接口，并输入将处理的域类和ID类型。例如：

```
interface PersonRepository extends Repository<Person, Long> { … }
```

**2．在接口上声明查询方法**

在接口上声明查询方法。例如：

```
interface PersonRepository extends Repository<Person, Long> {
  List<Person> findByLastname(String lastname);
}
```

**3．为这些接口创建代理实例**

为这些接口创建代理实例，我们可以通过 JavaConfig方式实现：

```
import org.springframework.data.jpa.repository.config.EnableJpaRepositories;

@EnableJpaRepositories
class Config { … }
```

也可以通过 XML 配置方式实现：

```
<?xml version="1.0" encoding="UTF-8"?>
<beans xmlns="http://www.springframework.org/schema/beans"
   xmlns:xsi="http://www.w3.org/2001/XMLSchema-instance"
   xmlns:jpa="http://www.springframework.org/schema/data/jpa"
   xsi:schemaLocation="http://www.springframework.org/schema/beans
     http://www.springframework.org/schema/beans/spring-beans.xsd
     http://www.springframework.org/schema/data/jpa
     http://www.springframework.org/schema/data/jpa/spring-jpa.xsd">
   <jpa:repositories base-package="com.waylau.repositories"/>
</beans>
```

在此示例中使用了 JPA 命名空间。如果你使用任何其他资源库的抽象，则需要将其更改为你的资源库的相应命名空间声明。

另外，请注意JavaConfig方式不需要明确指明要扫描的包的位置，因为默认情况下使用注解的类所在的包。如果想要自定义要扫描的配置包，请使用数据存储中特定资源库的@Enable...注解。例如：

```
@EnableJpaRepositories(basePackages="com.waylau.repositories.jpa")
@EnableMongoRepositories(basePackages="com.waylau.repositories.mongo")
interface Configuration { }
```

#### 4．获取注入的资源库实例并使用它

获取注入的资源库实例并使用它。例如：

```
public class SomeClient {
  @Autowired
  private PersonRepository repository;
  public void doSomething() {
    List<Person> persons=repository.findByLastname("Lau");
  }
}
```

### 14.2.6 定义资源库的接口

首先需要定义实体类的Repository接口，Repository接口必须继承资源库并输入实体类型和ID类型。如果需要用到CRUD方法，我们可以使用CrudRepository来替代Repository。

#### 1．自定义接口

通常，你的资源库接口将会扩展Repository、CrudRepository或PagingAndSortingRepository。你如果不想继承Spring Data接口，可用接口@RepositoryDefinition。扩展CrudRepository将会公开一套完整的方法来操作你的实体，你如果喜欢其中的方法，可以简单地复制CrudRepository中的部分方法到你的资源库接口。

下面是一个有选择地公开CRUD方法的例子：

```
@NoRepositoryBean
interface MyBaseRepository<T, ID extends Serializable> extends Repository<T, ID> {
  T findOne(ID id);
  T save(T entity);
}

interface UserRepository extends MyBaseRepository<User, Long> {
  User findByEmailAddress(EmailAddress emailAddress);
}
```

上述代码定义了一个公共、基础接口的findOne()和save()方法，这些方法将会被引入你选择的Spring Data的实现类中，例如 SimpleJpaRepository。因为它们匹配CrudRepository的方法签名，所以UserRepository将会具备save()的功能和findOne()的功能，当然也具备findByEmailAddress的功能。

注意

如果中间的资源库接口添加了@NoRepositoryBean注解，Spring Data在运行时将不会创建拥有该注解的实例。

**2．使用多个Spring Data模块来定义资源库**

在应用中使用单个Spring Data模块是非常简单的，但有时候我们需要使用多个Spring Data模块，例如，自定义资源库需要去区分两种持久化技术，如果在classpath中发现多个资源库，Spring Data会进行严格的配置限制，确保每个资源库或者实体绑定相应的Spring Data模块。

- 如果定义了资源库继承特定的资源库，那么它是一个特定的Spring Data模块。
- 如果实体注解了一个特定的声明，那么它是一个特定的Spring Data模块。Spring Data模块可以接纳第三方的声明（例如JPA的@Entity）或者来自Spring Data MongoDB、Spring Data Elasticsearch的@Document。

下面是使用自定义特定模块接口来定义资源库的例子：

```
interface MyRepository extends JpaRepository<User, Long> { }

@NoRepositoryBean
interface MyBaseRepository<T, ID extends Serializable> extends JpaRepository<T, ID> {
  …
}

interface UserRepository extends MyBaseRepository<User, Long> {
                                  …
}
```

MyRepository和UserRepository都继承自JpaRepository，并且将会替换Spring Data JPA模块的默认实现。

使用一般的接口来定义资源库：

```
interface AmbiguousRepository extends Repository<User, Long> {
```

```
  ...
}

@NoRepositoryBean
interface MyBaseRepository<T, ID extends Serializable> extends CrudRepository<T, ID> {
  ...
}

interface AmbiguousUserRepository extends MyBaseRepository<User, Long> {
  ...
}
```

AmbiguousRepository和AmbiguousUserRepository仅在它们的层级继承Repository和CrudRepository。它们在使用单个Spring Data模块的时候是完美的，但是如果使用多个Spring Data模块，Spring将无法区分每个资源库的范围。

下面的例子使用实体类注解来定义资源库：

```
interface PersonRepository extends Repository<Person, Long> {
  ...
}

@Entity
public class Person {
  ...
}

interface UserRepository extends Repository<User, Long> {
  ...
}

@Document
public class User {
  ...
}
```

PersonRepository所引用的Person使用了@Entity注解，所以这个资源库清晰地使用了Sping Data JPA。UserRepository所引用的User声明了@Document，表明这个资源库将使用Spring Data MongoDB模块。

下面是使用混合的注解来定义资源库的例子：

```
interface JpaPersonRepository extends Repository<Person, Long> {
  ...
}

interface MongoDBPersonRepository extends Repository<Person, Long> {
  ...
}

@Entity
@Document
public class Person {
```

```
    ...
}
```

实体类Person同时使用了Spring Data JPA和Spring Data MongoDB两种注解，表明这个实体类既可以用于JpaPersonRepository，也可以用于MongoDBPersonRepository，因此会导致未定义的行为发生。

在同一个域类上使用多个持久化技术特定的注解可以跨多个持久化技术重用域类，但是Spring Data不再能够确定唯一的模块来绑定资源库。

最后一种方法使用包路径来区分不同的仓库类型。不同包路径下的仓库使用不同的仓库类型，通过在配置类Configuration中声明注解来实现，也可以通过XML配置来定义。

通过注解来实现在不同包路径下的仓库使用不同的仓库类型：

```
@EnableJpaRepositories(basePackages="com.waylau.repositories.jpa")
@EnableMongoRepositories(basePackages="com.waylau.repositories.mongo")
interface Configuration { }
```

## 14.2.7 定义查询方法

资源库代理有两种方法可查询：根据方法名查询或者自定义查询。可用的选项取决于实际的存储。但不管如何，必须要有一个策略来决定创建什么实际查询。下面让我们来看看可用的选项。

**1. 查询查找策略**

我们可以配置以下查询策略。对于XML配置，你可以通过query-lookup-strategy属性在命名空间配置该策略。对于Java配置，你可以使用Enable${store}Repositories注解的queryLookupStrategy属性。某些策略可能不被特定的数据存储所支持。

- CREATE：试图从查询方法名中构建一个特定于存储的查询。通常的做法是从方法名中删除一组已知的前缀，接着解析方法的其余部分。
- USE_DECLARED_QUERY：试图找到一个已声明的查询，没有找到就抛出一个异常。查询可以定义在注解上。
- CREATE_IF_NOT_FOUND：如果你不使用任何显式配置，则它是默认策略，并且它结合了CREATE和USE_DECLARED_QUERY。它首先查找已声明的查询，如果未找到已声明的查询，则会创建一个基于方法名的自定义查询。它允许通过方法名快速定义查询，也可以根据需要引入已声明的查询来自定义查询。

**2. 创建查询**

Spring Data资源库基础结构中的内置的查询构建器机制对于在资源库实体的构建约束查询很有用。解析查询方法名分为主语和谓语。第一部分（find...By、exists...By）定义查询的主题，第二部分构成谓词。

下面是根据方法名创建查询的例子：

```
public interface PersonRepository extends Repository<User, Long> {
  List<Person> findByEmailAddressAndLastname(EmailAddress emailAddress, String
lastname);
```

```
        // 启用Distinct标识
        List<Person> findDistinctPeopleByLastnameOrFirstname(String lastname, String firstname);
        List<Person> findPeopleDistinctByLastnameOrFirstname(String lastname, String firstname);

        // 给独立的属性启用IgnoreCase标识
        List<Person> findByLastnameIgnoreCase(String lastname);

        // 给所有合适的属性启用IgnoreCase标识
        List<Person> findByLastnameAndFirstnameAllIgnoreCase(String lastname, String firstname);

        // 启用OrderBy
        List<Person> findByLastnameOrderByFirstnameAsc(String lastname);
        List<Person> findByLastnameOrderByFirstnameDesc(String lastname);
    }
```

解析方法的实际结果取决于你的持久化存储所创建的查询。在此有如下一些要注意的事项。

- 表达式通常可以在运算符组合的属性上进行遍历。我们可以使用AND和OR组合属性表达式，还可以获得对诸如Between、LessThan、GreaterThan等运算符的支持。对于属性表达式，受支持的运算符可能因数据存储方式不同而异。
- 方法解析器支持设置IgnoreCase标识以忽略字母大小写。其设置可以是针对单个属性（例如findBy LastnameIgnoreCase），也可以是针对所有属性（例如findByLastnameAndFirstname AllIgnoreCase）。
- 可以通过将OrderBy子句附加到引用属性的查询方法并提供排序方向（Asc或Desc）来应用静态排序。

**3．属性表达式**

属性表达式只能引用受管实体的直接属性，如前面的示例所示。在创建查询时，已经确保已解析的属性是受管域类的属性。但是你也可以通过遍历嵌套属性来定义约束。假设一个Person有一个带有ZipCode的Address。在这种情况下，方法名称为：

```
List<Person> findByAddressZipCode(ZipCode zipCode);
```

解析算法首先将整个谓词部分（AddressZipCode）解释为属性并检查是否具有该名称的属性的域类。如果是，它将使用该属性；如果不是，则算法将右侧部分分割成头部（AddressZip）和尾部（Code），并尝试找到相应的属性。如果算法找到具有该头部的属性，它会取尾部并继续从那里向下构建树，将尾部拆分。如果第一次分割不匹配，算法将分割点向左移动，将谓词分割成Address和ZipCode，并继续执行解析算法。

虽然这应该适用于大多数情况，但是算法可能选择错误的属性。假设Person类也有一个addressZip属性，该算法将在第一次分割循环中匹配，并且基本上会选择错误的属性，最后失败（因为addressZip的类型可能没有code属性）。

为了避免属性选择错误，我们可以在方法名称中使用下画线“_”手动定义遍历点。最终我们的方法名称为：

```
List<Person> findByAddress_ZipCode(ZipCode zipCode);
```

由于我们将下画线视为保留字符，强烈建议遵循标准Java命名约定（即不在属性名称中使用下画线，而是使用驼峰命名法）。

**4．特殊参数处理**

要处理查询中的参数，我们只需定义方法参数，如上面的示例所示。此外，基础设施将识别某些特定类型（如Pageable和Sort），以动态地对查询应用进行分页和排序。

下面使用 Pageable、Slice 和 Sort来查询：

```
Page<User> findByLastname(String lastname, Pageable pageable);
Slice<User> findByLastname(String lastname, Pageable pageable);
List<User> findByLastname(String lastname, Sort sort);
List<User> findByLastname(String lastname, Pageable pageable);
```

第一个方法允许在你的查询方法的静态查询定义中通过一个org.springframework.data.domain.Pageable实例来动态地添加分页。Pageable知道元素的总数和可用页数。它通过基础库来触发一个统计查询，从而计算所有元素的总数。由于这个查询可能对资源库消耗巨大，因此这里可以使用Slice 来替代。Slice 仅仅知道是否有下一个Slice可用，这一功能对于查询大数据来说已经足够了。

排序与分页的处理方式一样。如果需要排序，简单地添加一个org.springframework.data.domain.Sort参数到你的方法即可。正如你所见，简单地返回一个列表也是可以的。在这种情况下，将不会创建构建实际页面实例所需的附加元数据（这意味着不必发出额外的计数查询），而是简单地限制查询以仅查找给定范围中的实体。

**5．限制查询结果**

查询方法的结果可以通过关键字First或Top来限制。可选的数字值可以追加到Top/First后，以指定要返回的最大结果大小。如果省略该数字，则假定最大结果大小为1。

下面的示例用Top和First限制查询结果大小：

```
User findFirstByOrderByLastnameAsc();
User findTopByOrderByAgeDesc();
Page<User> queryFirst10ByLastname(String lastname, Pageable pageable);
Slice<User> findTop3ByLastname(String lastname, Pageable pageable);
List<User> findFirst10ByLastname(String lastname, Sort sort);
List<User> findTop10ByLastname(String lastname, Pageable pageable);
```

限制表达式也支持Distinct关键字。此外，对于将结果集限为一个实例的查询，支持将结果包装到Optional关键字中。

**6．流查询结果**

我们可以通过使用Java 8 Stream<T>作为返回类型来递增地处理查询方法的结果。流查询不是简单地将查询结果包装在Stream数据存储中，而是使用特定方法来执行流传输。

下面的例子是以Java 8 Stream<T>来进行查询的流处理结果：

```
@Query("select u from User u")
Stream<User> findAllByCustomQueryAndStream();

Stream<User> readAllByFirstnameNotNull();

@Query("select u from User u")
Stream<User> streamAllPaged(Pageable pageable);
```

**注意**

数据流可能包裹底层数据存储的特定资源，因此在使用后必须关闭。你可以使用close()方法或者try-with-resources语句来关闭数据流。

在try-with-resources语句中操作Stream<T>的例子：

```
try (Stream<User> stream=repository.findAllByCustomQueryAndStream()) {
  stream.forEach(...);
}
```

当前不是所有的 Spring Data 模块都支持使用Stream<T>作为返回类型。

**7. 异步查询结果**

我们可以使用Spring的异步方法执行功能来异步地执行资源库查询。这意味着该方法将在调用时立即返回，并且实际的查询执行将在已经提交到Spring任务执行器的任务中发生。

```
@Async
Future<User> findByFirstname(String firstname);                    // (1)

@Async
CompletableFuture<User> findOneByFirstname(String firstname);      // (2)

@Async
ListenableFuture<User> findOneByLastname(String lastname);         // (3)
```

这些方法支持以下返回类型。

（1）使用java.util.concurrent.Future 作为返回类型。

（2）使用java.util.concurrent.CompletableFuture作为返回类型。

（3）使用org.springframework.util.concurrent.ListenableFuture作为返回类型。

## 14.2.8 创建资源实例

为资源库接口创建实例以及定义Bean的方式有两种：一种方式是使用Spring命名空间；另一种方式是使用JavaConfig配置方式，该配置方式是推荐的方式。

**1. XML配置**

每个Spring Data模块都包含一个资源库元素，你可以简单地定义Spring所要扫描的base-package。

通过XML来配置Spring Data资源库的例子：

```
<?xml version="1.0" encoding="UTF-8"?>
<beans:beans xmlns:beans="http://www.springframework.org/schema/beans"
  xmlns:xsi="http://www.w3.org/2001/XMLSchema-instance"
  xmlns="http://www.springframework.org/schema/data/jpa"
  xsi:schemaLocation="http://www.springframework.org/schema/beans
    http://www.springframework.org/schema/beans/spring-Beans.xsd
    http://www.springframework.org/schema/data/jpa
    http://www.springframework.org/schema/data/jpa/spring-jpa.xsd">
  <repositories base-package="com.waylau.repositories" />
</beans:beans>
```

在示例中，指示Spring扫描com.waylau.repositories及其所有子包以扩展 Repository或其子接口。对于找到的每个接口，基础结构注册持久化技术特定的FactoryBean，以创建处理查询方法的调用的适当代理。每个Bean都注册在从接口名派生的Bean名称下，因此UserRepository的接口将注册在userRepository下。base-package属性允许使用通配符，以便定义扫描包的模式。

**2. 使用过滤器**

我们可以使用 <include-filter />或<exclude-filter /> 来进行过滤：

```
<repositories base-package="com.waylau.repositories">
  <context:exclude-filter type="regex" expression=".*SomeRepository" />
</repositories>
```

**3. JavaConfig配置方式**

我们可以在JavaConfig类上使用@Enable${store}Repositories注解来启用资源库功能，配置示例如下：

```
@Configuration
@EnableJpaRepositories("com.waylau.repositories")
class ApplicationConfiguration {

  @Bean
  public EntityManagerFactory entityManagerFactory() {
    ...
  }
}
```

该示例使用 JPA 特定的注解，开发人员可以根据实际使用的存储模块更改它。该方法同样适用于 EntityManagerFactory Bean的定义。

**4．独立使用**

Spring Data也可以在Spring容器之外的存储库基础架构中独立使用，例如在Java EE的CDI（上下文和依赖注入）环境中。当然，仍然需要在类路径中有一些Spring库，但一般来说可以通过编程方式设置存储库。提供资源库支持的 Spring Data模块提供了一个持久化技术特定的RepositoryFactory，下面是例子：

```
RepositoryFactorySupport factory=...// 在这里实例化工厂
UserRepository repository=factory.getRepository(UserRepository.class);
```

## 14.2.9 Spring Data自定义实现

通常有必要为多个资源库方法提供自定义实现。Spring数据资源库允许你提供自定义资源库代码，并将其与通用CRUD抽象和查询方法功能集成。

**1．向单个资源库添加自定义行为**

要使用自定义行为丰富资源库，首先需要定义自定义功能的接口和实现，使用你提供的资源库接口来扩展自定义接口。

自定义资源库方法的接口：

```
interface UserRepositoryCustom {
  public void someCustomMethod(User user);
}
```

自定义资源库方法接口的实现：

```
class UserRepositoryImpl implements UserRepositoryCustom {
  public void someCustomMethod(User user) {
    // 自定义实现
  }
}
```

实现本身不依赖于Spring Data，可以是普通的Spring Bean。因此，可以使用标准依赖注入行为来注入其他Bean的引用。

```
interface UserRepository extends CrudRepository<User, Long>, UserRepositoryCustom {
  // 此处用于声明查询方法
}
```

让你的标准资源库接口扩展自定义接口，这样做就能结合CRUD和自定义的功能。

如果使用命名空间配置，资源库基础架构尝试通过扫描发现资源库自定义实现。这些资源库自定义实现的类需要遵循repository-impl-postfix属性的配置约定。

配置示例如下：

```
<repositories base-package="com.waylau.repository" />
```

```
<repositories base-package="com.waylau.repository" repository-impl-postfix="FooBar"/>
```

第一个配置示例将尝试查找类com.waylau.repository.UserRepositoryImpl作为自定义资源库实现，而第二个配置示例将尝试查找com.waylau.repository.UserRepositoryFooBar。

如果你的自定义资源库实现仅使用基于注解的配置和自动装配，那么上述方法将很有效，因为它将被视为Spring Bean。如果你的自定义实现Bean需要特殊的装配，你也可以采用手动装配的方式，只需按照约定声明Bean，而后Spring容器会通过该Bean名称来引用手动定义的Bean定义。

自定义实现Bean的手动装配例子如下：

```
<repositories base-package="com.waylau.repository" />
<beans:bean id="userRepositoryImpl" class="...">
  <!-- 更多配置 -->
</beans:bean>
```

**2．向所有资源库添加自定义行为**

当你要向所有的资源库接口添加单个方法时，上述方法是不可行的。要向所有资源库添加自定义行为，首先要添加一个中间接口来声明共享行为。

声明自定义共享行为的接口：

```
@NoRepositoryBean
public interface MyRepository<T, ID extends Serializable>
  extends PagingAndSortingRepository<T, ID> {
  void sharedCustomMethod(ID id);
}
```

现在，各个资源库接口将扩展此中间接口，而不是Repository接口，以包含已声明的功能。接下来，创建中间接口的实现，以扩展持久化技术特定的资源库基类。这个实现将作为自定义资源库基类。

自定义资源库基类的例子：

```
public class MyRepositoryImpl<T, ID extends Serializable>
  extends SimpleJpaRepository<T, ID> implements MyRepository<T, ID> {
  private final EntityManager entityManager;
  public MyRepositoryImpl(JpaEntityInformation entityInformation,
                          EntityManager entityManager) {
    super(entityInformation, entityManager);
    this.entityManager = entityManager;
  }
  public void sharedCustomMethod(ID id) {
    ...
  }
}
```

Spring <repositories />命名空间的默认行为是为base-package下的所有接口提供一个实现。MyRepository的实现实例将由Spring创建。如果不想采用默认的行为，此时可以使用@NoRepositoryBean对MyRepository进行注释或将其移动到已配置的base-package之外。

最后使Spring Data基础结构感知自定义的资源库基类，在JavaConfig中是通过使用@Enable…

Repositories的repositoryBaseClass属性来实现的。

下面的例子使用 JavaConfig 配置自定义资源库基类：

```
@Configuration
@EnableJpaRepositories(repositoryBaseClass = MyRepositoryImpl.class)
class ApplicationConfiguration { … }
```

相应的属性在XML命名空间中可用：

```
<repositories base-package="com.acme.repository"
    base-class="….MyRepositoryImpl" />
```

# 14.3 实例38：数据持久化实战

本节将演示通过JPA来将数据存储到关系型数据库中，这样就实现了数据的持久化。

## 14.3.1 定义实体

新增com.waylau.springboot.jpainaction.domain包，并添加如下User类：

```
import javax.persistence.Entity;
import javax.persistence.GeneratedValue;
import javax.persistence.GenerationType;
import javax.persistence.Id;

@Entity // 实体
public class User {

    @Id // 主键
    @GeneratedValue(strategy=GenerationType.IDENTITY) // 自增长策略
    private Long id; // 实体的唯一标识
    private String name;
    private String email;

    protected User() { // 无参构造函数，设置为protected以防止直接被使用
    }

    public User(Long id, String name, String email) {
        this.id=id;
        this.name=name;
        this.email=email;
    }

    public Long getId() {
        return id;
    }
```

```
    public void setId(Long id) {
        this.id=id;
    }
    public String getName() {
        return name;
    }
    public void setName(String name) {
        this.name=name;
    }
    public String getEmail() {
        return email;
    }
    public void setEmail(String email) {
        this.email=email;
    }

    @Override
    public String toString() {
        return String.format("User[id=%d, name='%s', email='%s']", id, name, email);
    }
}
```

上述User类参考了JPA规范：

- User类上增加了@Entity注解，以标识其为实体；
- @Id标识id 字段为主键；
- @GeneratedValue(strategy=GenerationType.IDENTITY)标识 id 字段，以使用数据库的自增长字段为新增加实体的标识，这种情况下需要数据库提供对自增长字段的支持，一般的数据库（如HSQLDB、SQL Server、MySQL、DB2、Derby等）都能够提供这种支持；
- 应JPA规范要求，设置无参的构造函数User()，并将其设置为protected以防止直接被使用；
- 重写toString()方法来自定义User信息。

### 14.3.2 添加资源库

新增com.waylau.springboot.jpainaction.repository包，并添加如下UserRepository接口：

```
import org.springframework.data.repository.CrudRepository;
import com.waylau.spring.boot.newsdb.domain.User;

public interface UserRepository extends CrudRepository<User, Long> {

}
```

UserRepository是用户资源库的接口，继承自CrudRepository，这意味着它是一个可以执行CURD操作的资源库。由于Spring Data JPA已经帮我们做了实现，因此我们自己不需要做任何实现，甚至无须在UserRepository中定义任何的方法。

### 14.3.3 编写测试用例

在测试目录下，创建com.waylau.springboot.jpainaction.repository包，并编写UserRepository测试用例UserRepositoryTests类，代码如下：

```
import com.waylau.springboot.jpainaction.domain.User;
import org.junit.jupiter.api.MethodOrderer;
import org.junit.jupiter.api.Order;
import org.junit.jupiter.api.Test;
import org.junit.jupiter.api.TestMethodOrder;
import org.springframework.Beans.factory.annotation.Autowired;
import org.springframework.boot.test.context.SpringBootTest;
import java.util.Optional;
@TestMethodOrder(MethodOrderer.OrderAnnotation.class)
@SpringBootTest
class UserRepositoryTests {
    private static final Long USER_ID=1L;

    @Autowired
    private UserRepository userRepository;


    @Order(1)
    @Test
    void testSave() {
        User user=new User(USER_ID, "waylau", "***@***.com");
        userRepository.save(user);
        System.out.println("save user:"+user);
    }

    @Order(2)
    @Test
    void testFindById() {
        Optional<User> userOptional=userRepository.findById(USER_ID);
        System.out.println("find user:"+userOptional.get());
    }

    @Order(3)
    @Test
    void testUpdate() {
        Optional<User> userOptional=userRepository.findById(USER_ID);
        User user=userOptional.get();
        user.setEmail("waylau@live.cn");
        userRepository.save(user); // 保存修改

        // 查询修改后的结果
        userOptional=userRepository.findById(USER_ID);
        user=userOptional.get();
        System.out.println("update user:"+user);
    }
```

```
    @Order(4)
    @Test
    void testDelete() {
        userRepository.deleteById(USER_ID);
        System.out.println("delete user:"+USER_ID);
    }
}
```

上述测试用例，分别模拟了User的CURD操作。测试用例添加了注解@TestMethodOrder和@Order，以表示各个测试用例的执行是有顺序的。

### 14.3.4 使用MySQL数据库

通过命令行，使用MySQL客户端来操作数据库：

```
$ mysql -u root -p
```

首先，创建名为newsdb的数据库，所用编码为UTF-8：

```
mysql> DROP DATABASE IF EXISTS newsdb;
Query OK, 9 rows affected (1.63 sec)

mysql> CREATE DATABASE newsdb DEFAULT CHARSET utf8 COLLATE utf8_general_ci;
Query OK, 1 row affected (0.00 sec)
```

修改 application.properties 文件，增加下面几项配置：

```
# DataSource
spring.datasource.url=jdbc:mysql://localhost/newsdb?useSSL=false&server
Timezone=UTC&characterEncoding=utf-8
spring.datasource.username=root
spring.datasource.password=123456
spring.datasource.driver-class-name=com.mysql.cj.jdbc.Driver

# JPA
spring.jpa.show-sql=true
spring.jpa.hibernate.ddl-auto=create-drop
```

其中spring.jpa.hibernate.ddl-auto中的create-drop是指每次应用运行时都会自动删除并创建数据表，在开发时非常方便。

### 14.3.5 运行测试用例以查看效果

运行测试用例UserRepositoryTests，可以在控制台看到Hibernate的执行情况：

```
...
2022-04-12 23:23:55.290  INFO 10404 --- [    Test worker] org.hibernate.
dialect.Dialect          : HHH000400: Using dialect: org.hibernate.dialect.
MySQL8Dialect
```

```
   Hibernate: drop table if exists user
   Hibernate: create table user (id bigint not null auto_increment, email
varchar(255), name varchar(255), primary key (id)) engine=InnoDB
   2022-04-12 23:23:55.798  INFO 10404 --- [    Test worker] o.h.e.t.j.p.i.
JtaPlatformInitiator       : HHH000490: Using JtaPlatform implementation:
[org.hibernate.engine.transaction.jta.platform.internal.NoJtaPlatform]
   2022-04-12 23:23:55.806  INFO 10404 --- [    Test worker] j.LocalContainer
EntityManagerFactoryBean : Initialized JPA EntityManagerFactory for
persistence unit 'default'
   2022-04-12 23:23:56.196  INFO 10404 --- [    Test worker] c.w.s.j.repository.
UserRepositoryTests   : Started UserRepositoryTests in 2.527 seconds (JVM
running for 3.741)
   Hibernate: select user0_.id as id1_0_0_, user0_.email as email2_0_0_,
user0_.name as name3_0_0_ from user user0_ where user0_.id=?
   Hibernate: insert into user (email, name) values (?, ?)
   save user:User[id=1, name='waylau', email='***@***.com']
   Hibernate: select user0_.id as id1_0_0_, user0_.email as email2_0_0_,
user0_.name as name3_0_0_ from user user0_ where user0_.id=?
   find user:User[id=1, name='waylau', email=***@***.com']
   Hibernate: select user0_.id as id1_0_0_, user0_.email as email2_0_0_,
user0_.name as name3_0_0_ from user user0_ where user0_.id=?
   Hibernate: select user0_.id as id1_0_0_, user0_.email as email2_0_0_,
user0_.name as name3_0_0_ from user user0_ where user0_.id=?
   Hibernate: update user set email=?, name=? where id=?
   Hibernate: select user0_.id as id1_0_0_, user0_.email as email2_0_0_,
user0_.name as name3_0_0_ from user user0_ where user0_.id=?
   update user:User[id=1, name='waylau', email='waylau@live.cn']
   Hibernate: select user0_.id as id1_0_0_, user0_.email as email2_0_0_,
user0_.name as name3_0_0_ from user user0_ where user0_.id=?
   Hibernate: delete from user where id=?
   delete user:1
   2022-04-12 23:23:56.451  INFO 10404 --- [ionShutdownHook] j.LocalContainer
EntityManagerFactoryBean : Closing JPA EntityManagerFactory for persistence
unit 'default'
   2022-04-12 23:23:56.451  INFO 10404 --- [ionShutdownHook] .SchemaDropperImpl
$DelayedDropActionImpl : HHH000477: Starting delayed evictData of schema as
part of SessionFactory shut-down'
   Hibernate: drop table if exists user
   ...
```

可以发现，Hibernate会在测试开始阶段自动在newsdb数据库中创建表user，测试完成之后又会将该表删除。

## 14.4 本章小结

本章详细介绍了数据持久化的技术，内容包括Spring Data JPA、Hibernate、MySQL等。基于这些技术，我们只要定义实体类和资源库的接口，即可实现对数据库的CURD操作。

# 14.5 习题

1. 请简述数据持久化的概念。
2. 请简述JPA有哪些核心内容。
3. 请简述Spring Data JPA有哪些特性。
4. 请编程实现Spring Data JPA与Hibernate、Spring Boot集成，并对MySQL数据库进行CURD操作。

# 第15章 集成Spring Security

本章介绍基于角色的权限管理，并介绍如何在Spring Boot应用中集成Spring Security，以及使用Spring Security来加强应用的安全保障。

## 15.1 基于角色的权限管理

本节将讨论在权限管理中角色的概念，并基于角色的机制来进行权限管理。

### 15.1.1 什么是角色

当说到程序的权限管理时，人们往往想到角色这一概念。角色是代表一系列行为或责任的实体，用于限定用户在软件系统中能做什么、不能做什么。用户账号往往与角色相关联，因此一个用户在软件系统中能“做”什么取决于与之关联的是什么样的角色。

例如，一个用户以关联了“项目管理员”角色的账号登录系统，这个用户就可以做项目管理员能做的所有事情，如列出项目中的应用、管理项目组成员、产生项目报表等。

从这个角度来说，角色更多的是一种可执行的操作的概念：它表示用户能在系统中进行的操作。

### 15.1.2 基于角色的访问控制

既然角色代表了可执行的操作这一概念，一个合乎逻辑的做法是在软件开发中使用角色来控制用户对软件功能和数据的访问。这种访问控制方法就叫基于角色的访问控制（Role-Based Access Control，RBAC）。

有两种正在实践中使用的基于角色的访问控制方式：隐式访问控制（Implicit Access Control）和显式访问控制（Explicit Access Control）。

**1．隐式访问控制**

前面提到，角色代表一系列可执行的操作。但如何知道一个角色到底关联了哪些可执行的操作呢？

在目前大多数的应用中，你并不能明确知道一个角色到底关联了哪些可执行的操作。可能你心里是清楚的（你知道一个关联了“管理员”角色的用户可以锁定用户账号、进行系统配置；一个关联了“消费者”角色的用户可在网站上进行商品选购），但诸如此类的系统并没有明确定义一个角色到底关联了哪些可执行的操作。

拿“项目管理员”来说，系统中并没有对“项目管理员”能进行什么样的操作进行明确定义，它仅是一个字符串名词。开发人员通常将这个名词写在程序里以进行访问控制。例如，判断一个用户是否能查看项目报表，开发人员可能会进行如下编码。

```
if (user.hasRole("Project Manager") ) {
    // 显示查看项目报表按钮
} else {
    // 不显示查看项目报表按钮
}
```

在上面的示例代码中，开发人员判断用户是否关联“项目管理员”角色来决定是否显示查看项目报表按钮。注意上面的代码，它并没有明确的语句来定义“项目管理员”这一角色到底关联哪些可执行的操作，它只是假设一个关联了“项目管理员”角色的用户可查看项目报表，而开发人员也基于这一假设来写 if-else 语句。这种方式就是基于角色的隐式访问控制。

**2．脆弱的权限策略**

上面的访问控制是非常脆弱的。一个极小的权限方面的需求变动都可能导致上面的代码需要重新修改。

举例来说，假如某一天开发人员被告知：“我们需要一个‘部门管理员’角色，他也可以查看项目报表，请做到这一点。”于是，之前隐式访问控制的代码被修改成了如下这样：

```
if (user.hasRole("Project Manager") || user.hasRole("Department Manager") ) {
    // 显示查看项目报表按钮
} else {
    // 不显示查看项目报表按钮
}
```

随后，开发人员需要更新测试用例、重新编译系统，可能还需要重走软件质量控制流程，然后将代码重新部署上线。这一切仅仅是因为一个微小的权限方面的需求变动。

如果后面需求方又提出需要让另一个角色可查看项目报表，或者部门管理员可查看项目报表的需求不再需要了，怎么办？

如果需求方要求动态地创建、删除角色以便他们自己配置角色，又该如何应对呢？

像上面的情况，这种基于角色的隐式（使用静态字符串）访问控制方式难以满足需求。理想的情况是即使权限需求变动，也不需要修改任何代码。怎样才能做到这一点呢？

**3．显式访问控制**

我们从上面的例子看到，当权限需求发生变动时，基于角色的隐式访问控制方式会给程序开发带来沉重的负担。如果能有一种方式在权限需求发生变化时不需要修改代码也能满足需求就好了。理想的情况是，即使系统正在运行，你也可以修改权限策略却不影响用户的使用。当你发现某些错误的或危险的安全策略时，你可以迅速地修改策略配置，同时你的系统还能正常使用，而不需要重构代码、重新部署系统。

怎样才能实现上面的理想效果呢？实际上，你可以通过显式地（明确地）界定你在应用中能做的操作来实现。

回顾上面隐式访问控制的例子，思考一下这些代码最终的目的，想一下它们最终要做什么样的控制。从根本上说，这些代码最终是在保护资源（项目报表），是要界定一个用户能对这些资源进行什么样的操作（查看/修改）。当将访问控制分解到操作级别时，我们就可以用一种更细粒度、更富有弹性的方式来表达访问控制策略。

我们可以修改上面的代码，以基于资源的语义来更有效地进行访问控制。

```
if (user.isPermitted("projectReport:view:12345")) {
    // 显示查看项目报表按钮
} else {
    // 不显示查看项目报表按钮
}
```

上面的例子中，我们可明确地看到我们控制的操作。不要太在意冒号分隔的语法，这仅是一个例子，重点是上面的语句明确地表示了“如果允许当前用户查看编号为12345的项目报表，则显示查看项目报表按钮”。也就是说，我们明确地说明了一个用户账号可对一个资源实例进行的具体操作。

### 15.1.3 哪种方式更好

上面显式访问控制的代码与前面隐式访问控制的代码的主要区别在于，显式访问控制的代码“基于什么是受保护的”，而不是“谁可能有能力做什么”。看似简单的区别对系统开发及部署却有着深刻的影响。显式访问控制方式与隐式访问控制方式相比，具有以下优势。

- 更少的代码重构：我们是基于系统的功能（系统的资源及对资源的操作）来进行访问控制的，而一旦确定系统的功能需求，一段时间内对它的改动是比较少的。只有当系统的功能需求改变时，才会涉及权限代码的改变。例如，上面提到的查看项目报表的功能，显式的访问控制方式不会像传统隐式的访问控制方式那样因不同的用户/角色要进行某个操作就需要重构代码；只要这个功能存在，显式权限访问控制方式的代码是不需要改变的。
- 资源和操作更直观：保护资源对象、控制对资源对象的操作，这样的访问控制方式更符合人们的思维习惯。正因为符合这种直观的思维习惯，面向对象的编程思想及 REST 通信模型变得非常成功。
- 安全模型更有弹性：上面的示例代码中没有明确哪些用户、组或角色可对资源进行什么操作。这意味着它可支持任何安全模型的设计。例如，可以将操作（权限）直接分配给用户，或者将操作分配到一个角色上，然后将角色与用户关联，或者将多个角色关联到组上，等等。你完全可以根据应用的特点定制安全模型。
- 外部安全策略管理：由于源码只反映资源和行为，而不反映用户、组和角色，这样资源/行为与用户、组和角色的关联可以通过外部的模块、专用工具或管理控制台来完成。这意味着在权限需求变化时，开发人员并不需要耗费时间来修改代码，业务分析师甚至最终用户就可以通过相应的管理工具修改权限策略配置。

- 运行时做修改：因为基于资源的访问控制代码并不依赖于行为的主体（如组、角色、用户），你并没有将行为主体的字符串名称写在代码中，所以你甚至可以在程序运行的时候通过修改主体对资源进行操作。通过配置的方式就可应对权限方面需求的变动，再也不需要像隐式访问控制方式那样重构代码。

显式访问控制方式更适用于当前的软件应用。

# 15.2 Spring Security概述

Spring Security是遵循Java EE的Servlet规范或EJB规范的，为基于Java EE的企业软件应用程序提供全面的安全服务。

在 Java 领域，另外一个值得关注的安全框架是Apache Shiro。与Apache Shiro相比，Spring Security的功能更加强大，与Spring的兼容性也更好。

## 15.2.1 Spring Security的认证模型

应用程序安全性的两个主要领域是认证（Authentication）与授权（Authorization）。

- 认证："认证"是建立主体（Principal）的过程。"主体"通常是指可以在应用程序中执行操作的用户、设备或其他系统。
- 授权：或称为访问控制（Access Control），它是指决定是否允许主体在应用程序中执行操作。为了到达需要授权决定的点，认证过程已经建立了主体的身份。

这些概念是常见的，并不特定于 Spring Security。

Spring Security支持各种各样的认证模型。这些认证模型中的大多数由第三方提供，或者由诸如因特网工程任务组（Internet Engineering Task Force，IETF）的相关标准机构开发。此外，Spring Security 提供了一组认证功能。具体来说，Spring Security 目前支持以下所有技术的身份验证集成：

- HTTP Basic认证头（基于IETF RFC的标准）；
- HTTP Digest认证头（基于IETF RFC的标准）；
- HTTP X.509客户端证书交换（基于IETF RFC的标准）；
- LDAP（一种非常常见的跨平台身份验证技术，特别是在大型环境中）；
- 基于表单的身份验证（用于简单的UI）；
- OpenID 身份验证；
- 基于预先建立的请求头的验证（例如 Computer Associates Siteminder）；
- Jasig Central Authentication Service，也称为Jasig CAS，这是一个流行的开源单点登录系统；
- RMI和 HttpInvoker（Spring 远程协议）的透明认证上下文传播；
- 自动"Remember-Me"身份验证（你可以勾选相应复选框，以避免在预定时间段内重新验证）；
- 匿名身份验证（允许每个未经身份验证的调用自动承担特定的安全身份）；
- Run-As 身份验证（如果一个调用应使用不同的安全身份继续运行，这是有用的）；
- Java认证和授权服务（Java Authentication and Authorization Service，JAAS）；
- Java EE 容器认证（如果需要，仍然可以使用容器管理身份验证）；

- Kerberos；
- Java Open Source Single Sign-On *；
- OpenNMS Network Management Platform *；
- AppFuse *；
- AndroMDA *；
- Mule ESB *；
- Direct Web Request（DWR）*；
- Grails *；
- Tapestry *；
- JTrac *；
- Jasypt *；
- Roller *；
- Elastic Path *；
- Atlassian Crowd *；
- 自己创建的认证系统。

上述*是指当前技术由第三方提供，由Spring Security来集成。

许多独立软件供应商选择采用Spring Security，都是因为它具有灵活的认证模型。这样，他们可以快速地将他们的解决方案与最终的客户需求进行组合，从而避免做大量的工作或者要求变更。如果上述认证机制都不符合需求，开发人员也可以基于Spring Security这样一个开放平台，轻松实现自己的认证机制。

如果不考虑上述认证机制，Spring Security还提供了一组深层次的授权功能，涉及以下3个主要领域。

- 对Web请求进行授权。
- 授权某个方法是否可以被调用。
- 授权访问单个领域对象实例。

### 15.2.2 Spring Security的安装

Spring Security的安装非常简单，以下展示了使用Gradle来安装。

```
dependencies {
    implementation 'org.springframework.boot:spring-boot-starter-security'
}
```

### 15.2.3 Spring Security的模块

自Spring Security 3开始，Spring Security将代码划分到不同的JAR中，这使得不同的功能模块和第三方依赖显得更加清晰。Spring Security主要包括以下几个核心模块。

**1．Core——spring-security-core.jar**

该模块包含核心的authentication和authorization的类与接口、远程支持和基础配置接口，支持本地应用、远程客户端、方法级别的安全和 JDBC 用户配置。任何使用 Spring Security 的应用都需要引入这个JAR。该模块主要包含的顶级包如下。

- org.springframework.security.core：核心。
- org.springframework.security.access：访问，即 authorization 的作用。
- org.springframework.security.authentication：认证。
- org.springframework.security.provisioning：配置。

**2．Remoting——spring-security-remoting.jar**

该模块提供与Spring Remoting整合的支持。你并不需要这个JAR，除非你需要使用Spring Remoting开发一个远程客户端。该模块的顶级包如下。

org.springframework.security.remoting。

**3．Web——spring-security-web.jar**

该模块包含过滤器和Web安全相关的基础代码。如果你需要使用Spring Security进行Web安全认证和基于URL的访问控制，则需要它。该模块的顶级包如下。

org.springframework.security.web。

**4．Config——spring-security-config.jar**

该模块包含安全命名空间解析代码和Java配置代码。如果你使用Spring Security XML命名空间进行配置或Spring Security的Java配置支持，则需要它。该模块的顶级包如下。org.springframework.security.config。

我们不应该在代码中直接使用这个JAR中的类。

**5．LDAP——spring-security-ldap.jar**

该模块提供LDAP（Lightweight Directory Access Protocol，轻量目录访问协议）认证和配置代码。如果你需要进行LDAP认证或者管理LDAP用户实体，则需要它。该模块的顶级包如下。

org.springframework.security.ldap。

**6．ACL——spring-security-acl.jar**

该模块包含特定领域对象的ACL（Access Control List，访问控制列表）实现，使用其可以对特定对象的实例进行一些安全配置。该模块的顶级包如下。

org.springframework.security.acls。

**7．CAS——spring-security-cas.jar**

该模块提供Spring Security CAS客户端集成。如果你需要使用一个单点登录服务器进行Spring Security Web安全认证，则需要它。该模块的顶级包如下。

org.springframework.security.cas。

**8．OpenID——spring-security-openid.jar**

该模块提供OpenID Web认证支持，基于一个外部OpenID服务器对用户进行身份验证。该模块的顶级包如下。

org.springframework.security.openid。

Spring Security底层实现是使用了OpenID4Java这个类库。

**9．Test——spring-security-test.jar**

该模块用于测试Spring Security。在开发环境中，我们通常需要添加该模块。

一般情况下，我们会引入spring-security-core.jar和spring-security-config.jar，在Web开发中，我们通常还会引入spring-security-web.jar。

## 15.2.4 Spring Security 5新特性及高级功能

本书案例采用Spring Security 5进行编写。Spring Security 5相对于之前的版本，主要提供了如下特性。

- 支持OAuth 2.0登录。
- 支持初始响应式编程。

基于OAuth 2.0登录的编程案例，读者可以参阅编者所著的开源图书《Spring Security 教程》。

针对Web方面的开发，Spring Security提供了如下高级功能。

**1．Remember-Me身份认证**

Remember-Me身份认证是指网站能够记住身份之间的会话。这通常是通过发送cookie到浏览器，cookie在未来会话中被检测到，并导致自动登录发生而实现的。Spring Security为这些操作提供了必要的钩子，并且有两个具体的实现。

- 使用散列来保存基于 cookie 的令牌的安全性。
- 使用数据库或其他持久存储机制来存储生成的令牌。

在本书的案例中，将会以散列的方式来实现Remember-Me认证。

**2．使用HTTPS**

我们可以使用<intercept-url>上的requires-channel属性支持HTTPS（Hypertext Transfer Protocol Secure，超文本传输安全协议）。

```
<http>
<intercept-url pattern="/secure/**" access="ROLE_USER" requires-channel="https"/>
<intercept-url pattern="/**" access="ROLE_USER" requires-channel="any"/>
...
</http>
```

**注意**

如果用户尝试使用HTTP访问与“/secure/**”模式匹配的任何内容，都会首先将其重定向到HTTPS的URL上。

如果你的应用程序想使用HTTP/HTTPS的非标准端口，则可以指定端口映射列表，如下所示。

```
<http>
...
<port-mappings>
    <port-mapping http="9080" https="9443"/>
</port-mappings>
</http>
```

注意

为了保证真正的安全，应用程序应该始终采用HTTPS以在整个过程中使用安全连接，避免发生中间人攻击的可能性。

**3．会话管理**

在会话管理方面，Spring Security提供了诸如检测超时、控制并发会话、防御会话固定攻击等方面的功能。

**4．支持OpenID**

Spring Security命名空间支持OpenID登录，例如：

```
<http>
<intercept-url pattern="/**" access="ROLE_USER"/>
<openid-login/>
</http>
```

上述标签<openid-login/>支持OpenID登录。以下代码演示了向OpenID提供商进行注册，并将用户信息添加到内存中：

```
<user name="http://jimi.hendrix.myopenid.com/" authorities="ROLE_USER"/>
```

我们可以使用myopenid.com网站进行身份验证，还可以通过在<openid-login>元素上设置user-service-ref属性选择特定的UserDetailsService Bean来使用 OpenID。

Spring Security也支持OpenID属性交换。例如，以下配置将尝试从OpenID提供程序中检索电子邮件和姓名，供应用程序使用：

```
<openid-login>
<attribute-exchange>
    <openid-attribute name="email" type="http://axschema.org/contact/
email" required="true"/>
    <openid-attribute name="name" type="http://axschema.org/namePerson"/>
</attribute-exchange>
</openid-login>
```

**5．自定义过滤器**

如果你以前使用过Spring Security，你应该知道该框架维护一连串的过滤器。你可能希望在特定位置将自己的过滤器添加到堆栈中或使用当前没有命名空间配置选项（如CAS）的Spring Security过滤器，或者你可能希望使用自定义版本的标准命名空间过滤器，例如由<form-login>标签创建的UsernamePasswordAuthenticationFilter，利用可以明确使用Bean的一些额外配置选项。

使用命名空间时，始终严格遵循执行过滤器的顺序。当创建应用程序上下文时，过滤器Bean将通过命名空间处理代码进行排序，并且标准Spring Security过滤器在命名空间中具有别名。

表15-1展示了Spring Security标准过滤器的别名和排序情况。

**表15-1 Spring Security标准过滤器的别名和排序情况**

| 别名 | 过滤器类 | 命名空间元素或者属性 |
| --- | --- | --- |
| CHANNEL_FILTER | ChannelProcessingFilter | http/intercept-url@requires-channel |
| SECURITY_CONTEXT_FILTER | SecurityContextPersistenceFilter | http |
| CONCURRENT_SESSION_FILTER | ConcurrentSessionFilter | session-management/concurrency-control |
| HEADERS_FILTER | HeaderWriterFilter | http/headers |
| CSRF_FILTER | CsrfFilter | http/csrf |
| LOGOUT_FILTER | LogoutFilter | http/logout |
| X509_FILTER | X509AuthenticationFilter | http/x509 |
| PRE_AUTH_FILTER | AbstractPreAuthenticatedProcessingFilter子类 | N/A |
| CAS_FILTER | CasAuthenticationFilter | N/A |
| FORM_LOGIN_FILTER | UsernamePasswordAuthenticationFilter | http/form-login |
| BASIC_AUTH_FILTER | BasicAuthenticationFilter | http/http-basic |
| SERVLET_API_SUPPORT_FILTER | SecurityContextHolderAwareRequestFilter | http/@servlet-api-provision |
| JAAS_API_SUPPORT_FILTER | JaasApiIntegrationFilter | http/@jaas-api-provision |
| REMEMBER_ME_FILTER | RememberMeAuthenticationFilter | http/remember-me |
| ANONYMOUS_FILTER | AnonymousAuthenticationFilter | http/anonymous |
| SESSION_MANAGEMENT_FILTER | SessionManagementFilter | session-management |
| EXCEPTION_TRANSLATION_FILTER | ExceptionTranslationFilter | http |
| FILTER_SECURITY_INTERCEPTOR | FilterSecurityInterceptor | http |
| SWITCH_USER_FILTER | SwitchUserFilter | N/A |

## 15.3 实例39：Spring Security与Spring Boot集成

本节将演示如何在Spring Boot项目中集成Spring Security的功能。

## 15.3.1 初始化Spring Boot应用原型

使用Spring Initializr来初始化一个Spring Boot应用原型“security-in-action”。在依赖库中，我们选择“Spring Security”，如图15-1所示。

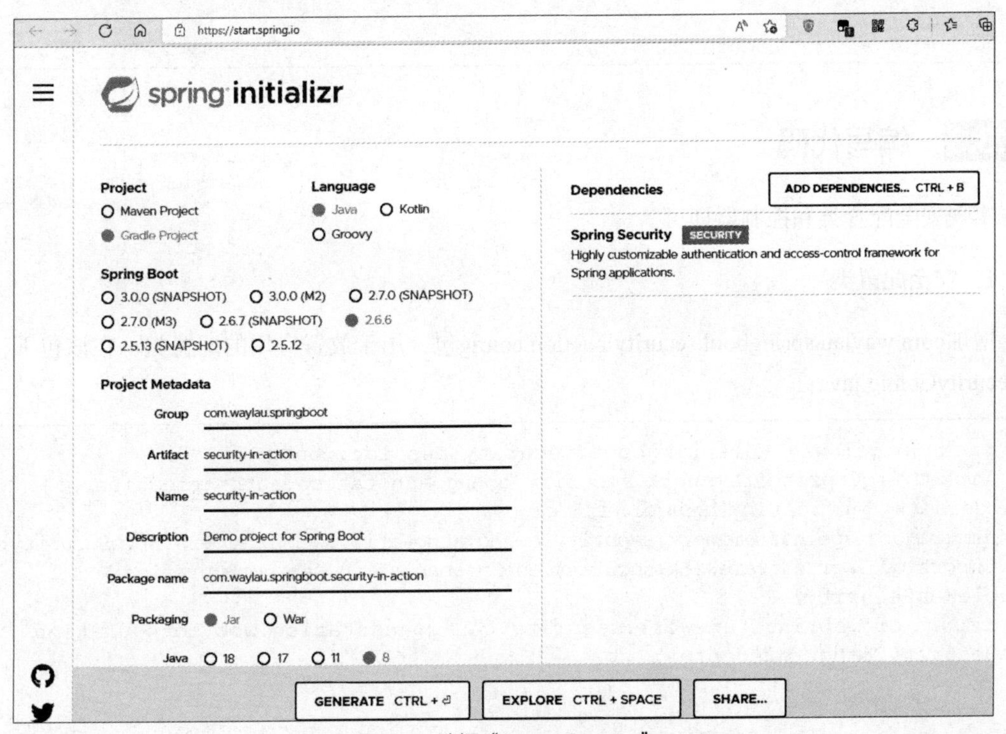


图 15-1　选择“Spring Security”

打开security-in-action应用的build.gradle文件，可以看到应用中引用了Spring Security的依赖：

```
// 依赖关系
dependencies {
    // 该依赖用于编译阶段
    implementation 'org.springframework.boot:spring-boot-starter-security'

    // 该依赖用于测试阶段
    testImplementation 'org.springframework.boot:spring-boot-starter-test'
    testImplementation 'org.springframework.security:spring-security-test'
}
```

spring-boot-starter-security库同时提供了如下依赖：

- Spring Boot；
- Spring Security。

## 15.3.2 添加Web支持

为了提供REST服务接口，我们添加了Spring Boot对Web的支持：

```
// 依赖关系
dependencies {
    ...
    implementation 'org.springframework.boot:spring-boot-starter-web'
    ...
}
```

## 15.3.3 编写代码

实现安全配置类和控制器即可。

### 1. 安全配置类

增加com.waylau.springboot.securityinaction.config包，用于放置应用的配置类。在该包下，创建SecurityConfig.java：

```
package com.waylau.springboot.securityinaction.config;
import org.springframework.security.config.annotation.authentication.
builders.AuthenticationManagerBuilder;
import org.springframework.security.config.annotation.web.builders.HttpSecurity;
import org.springframework.security.config.annotation.web.configuration.
EnableWebSecurity;
import org.springframework.security.config.annotation.web.configuration.
WebSecurityConfigurerAdapter;

/**
 * Spring Security配置类
 *
 * @author <a href="https://waylau.com">Way Lau</a>
 * @since 1.0.0 2022年4月13日
 */
@EnableWebSecurity
public class SecurityConfig extends WebSecurityConfigurerAdapter {
    @Override
    public void configure(HttpSecurity http) throws Exception {
        http
                .authorizeRequests()
                .anyRequest().authenticated() // 所有请求都要认证
                .and()
                .httpBasic(); // HTTP基本认证
    }

    @Override
    protected void configure(AuthenticationManagerBuilder auth) throws Exception {
        auth.inMemoryAuthentication()
                .withUser("waylau") // 用户名
                .password("{noop}waylau123")
                // Spring Security要求在设置密码时设置加密算法
                .roles("USER"); // 用户角色
    }
}
```

上述安全配置类SecurityConfig继承自WebSecurityConfigurerAdapter。WebSecurityConfigurerAdapter提供用于创建一个WebSecurityConfigurer实例的基类，允许自定义重写其方法。这里，重写了configure(HttpSecurity http)方法：

- .authorizeRequests().anyRequest().authenticated()是指所有请求都要认证；
- httpBasic()表明这是一个HTTP基本认证。

重写的configure(AuthenticationManagerBuilder auth)方法中：

- 创建了基于内存的身份认证管理器，在本例中，存储了用户名为waylau、密码为waylau123、角色为USER的身份信息；
- Spring Security要求在设置密码时设置加密算法，为了简化演示，这里设置noop来指明不设置加密算法。

**2. 控制器**

在com.waylau.springboot.securityinaction.controller包下，创建HelloController控制器。

```
import org.springframework.web.bind.annotation.RequestMapping;
import org.springframework.web.bind.annotation.RestController;
@RestController
public class HelloController {
    @RequestMapping("/hello")
    public String hello() {
        return "Hello World! Welcome to visit waylau.com!";
    }
}
```

该控制器说明如果访问/hello路径，将会在页面输出“Hello World! Welcome to visit waylau.com!”字样。

## 15.3.4 运行

下面将演示应用的运行效果。

运行security-in-action应用后，在浏览器访问http://localhost:8080/hello时可以看到应用的运行效果，如图15-2所示。

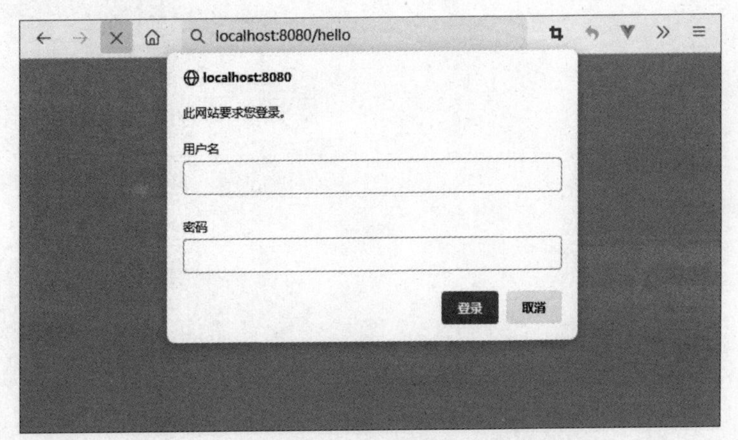


图 15-2 用户在未认证情况下访问主页时的效果

由于应用已经启用了HTTP基本认证，因此，访问应用的任何REST接口，都会弹出对话框要求输入用户名和密码。

我们用默认的waylau用户及其密码进行登录，登录成功后可以正常访问REST接口，如图15-3所示。

图 15-3 认证后访问主页时的效果

# 15.4 本章小结

本章介绍了基于角色的权限管理，还介绍了如何在Spring Boot应用中集成Spring Security，通过Spring Security轻松实现对于Spring Boot应用的安全管理。

# 15.5 习题

1. 请简述基于角色的权限管理概念。
2. 请简述Spring Security的概念及特性。
3. 请基于Spring Security编写程序，实现对应用的安全管理。

# 第16章 实战1：基于Vue.js和Spring Boot的Web应用——“新闻头条”

从本章开始，将演示如何基于Vue.js和Spring Boot架构从零开始实现一个真实的Web应用——“新闻头条”。

该应用是一款类新闻头条的新闻资讯类手机应用，分为前端应用“news-ui”和后端服务器应用“news-server”两部分。

## 16.1 应用概述

本章所要开发的是一款新闻资讯类手机应用，其实现的功能与市面上新闻头条应用的功能类似，主要提供实时的新闻信息。

“新闻头条”采用当前Web应用中广泛使用的前后端分离的技术，采用的技术都来自Vue.js+Spring Boot全栈开发架构。

“新闻头条”分为前端应用“news-ui”和后端服务器应用“news-server”。news-ui主要采用Vue.js、Naive UI、md-editor-v3等前端框架；news-server采用Spring Boot、Spring MVC、Spring Security等技术。

news-ui部署在Nginx中，并实现负载均衡。news-server部署在JVM中。前后端应用通过REST接口进行通信，应用数据存储在MySQL中。“新闻头条”整体架构如图16-1所示。

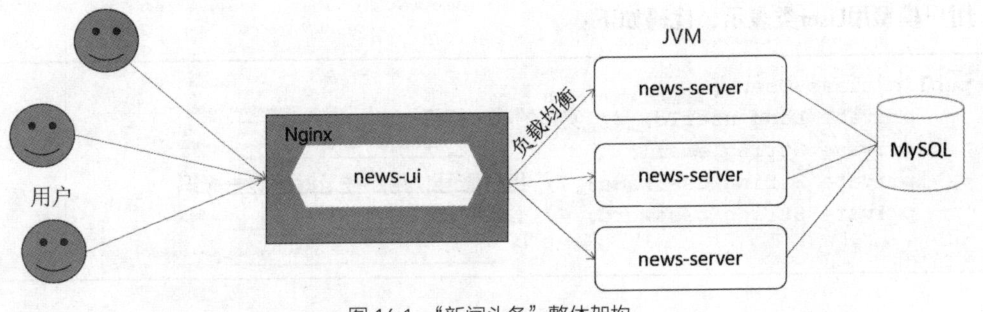


图16-1 “新闻头条”整体架构

### 16.1.1 “新闻头条”的核心功能

“新闻头条”主要的功能有登录认证、新闻管理、新闻列表的展示、新闻详情的展示等。

- 登录认证：普通用户访问应用时无须认证，后端管理员需通过登录认证访问后进行端管理操作。
- 新闻管理：可以实现新闻的发布，该操作只有认证用户才能执行。
- 新闻列表的展示：在应用的首页展示新闻的标题。
- 新闻详情的展示：当用户单击新闻列表中的选项后，可跳转到新闻详情页面以查看新闻的详情。

### 16.1.2 初始化数据库

本应用的数据存储在MySQL中，因此，首先创建名为newsdb的数据库，所用编码为UTF-8：

```
mysql> DROP DATABASE IF EXISTS newsdb;
Query OK, 9 rows affected (1.63 sec)

mysql> CREATE DATABASE newsdb DEFAULT CHARSET utf8 COLLATE utf8_general_ci;
Query OK, 1 row affected (0.00 sec)
```

在本应用中主要涉及两张表：user和news。其中user用于存储用户信息，而news用于存储新闻详情。表结构无须提前创建，在应用运行时由Hibernate自动创建。

## 16.2 模型设计

用户和新闻的数据表设计完成之后，就可以进行模型的设计。本书推崇采用POJO的编程模式，针对用户表user和新闻表news分别设计以下用户模型和新闻模型。

### 16.2.1 用户模型设计

用户模型用User类表示，代码如下：

```
public class User {
    private Long userId; // 实体的唯一标识
    private String email;
    private String username; // 用户账号，用户登录时的唯一标识
    private String password; // 登录时的密码
}
```

### 16.2.2 新闻模型设计

新闻模型用News类表示，代码如下：

```
public class News {
    private Long newsId; // 实体的唯一标识
    private String title;
    private String content;
    private Date creation;
}
```

## 16.3 接口设计

接口设计主要涉及两方面：内部接口设计和外部接口设计。其中，内部接口设计又可以细分为服务接口设计和DAO（Data Access Object，数据访问对象）接口设计；外部接口设计主要设计提供给外部应用访问的REST接口。

以下主要针对外部应用访问的REST接口做定义。

- GET /admins/hi：用于验证用户是否通过登录认证；如果没有通过，则弹出登录对话框。
- POST /admins/news：用于创建新闻。
- GET /news：用于获取新闻列表。
- GET /news/:newsId：用于获取指定newsId的新闻详情。

## 16.4 权限管理

为了力求简洁，本书中的示例采用HTTP基本认证的方式。

浏览器对HTTP基本认证提供了以下必要的支持。

- 当用户发送登录请求后，如果后端服务认证用户信息失败，会响应"401"状态码给客户端（浏览器），浏览器会自动弹出登录对话框要求用户再次输入账号、密码。
- 如果认证通过，则登录对话框会自动消失，用户可以做进一步的操作。

## 16.5 本章小结

本章主要介绍了基于Vue.js和Spring Boot架构的Web应用"新闻头条"的整体架构设计，主要涉及应用概述、模型设计、接口设计、权限管理等方面。

## 16.6 习题

请简述一个完整的Web应用应该如何设计？其应该包含哪些内容？

# 第17章 实战2：前端UI客户端应用

news-ui是前端应用，主要使用Vue.js、Naive UI、md-editor-v3等框架实现。

本章介绍news-ui的详细实现过程。

## 17.1 前端UI设计

news-ui是一个汇聚热点新闻的Web应用。该应用采用Vue.js、Naive UI、md-editor-v3等作为主要实现框架，通过调用news-server所提供的REST接口服务来将新闻数据进行展示。

news-ui应用主要面向的是移动端用户，因此要能在宽屏、窄屏之间实现响应式缩放。

news-ui大致分为首页、新闻详情页面两大部分。其中首页用于展示新闻的标题列表。通过单击首页列表中的标题，能够重定向到该新闻的详情页面。

### 17.1.1 首页UI设计

首页效果如图17-1所示。

这张冬奥大合影弥足珍贵

人类应该和衷共济、和合共生

中国队3朵金花携手晋级决赛

×× 也来蹭“冰墩墩”的热度了

猎豹摄像机跑得比运动员还快

劳斯莱斯欢庆 ×× 迎来重新设计

Android开始全面转向64位运算

英伟达GPU采用5nm工艺

图 17-1 首页效果

### 17.1.2 新闻详情页面UI设计

当在首页单击新闻列表条目时，应该能进入新闻详情页面。新闻详情页面主要用于展示新闻的详细内容，其效果如图17-2所示。

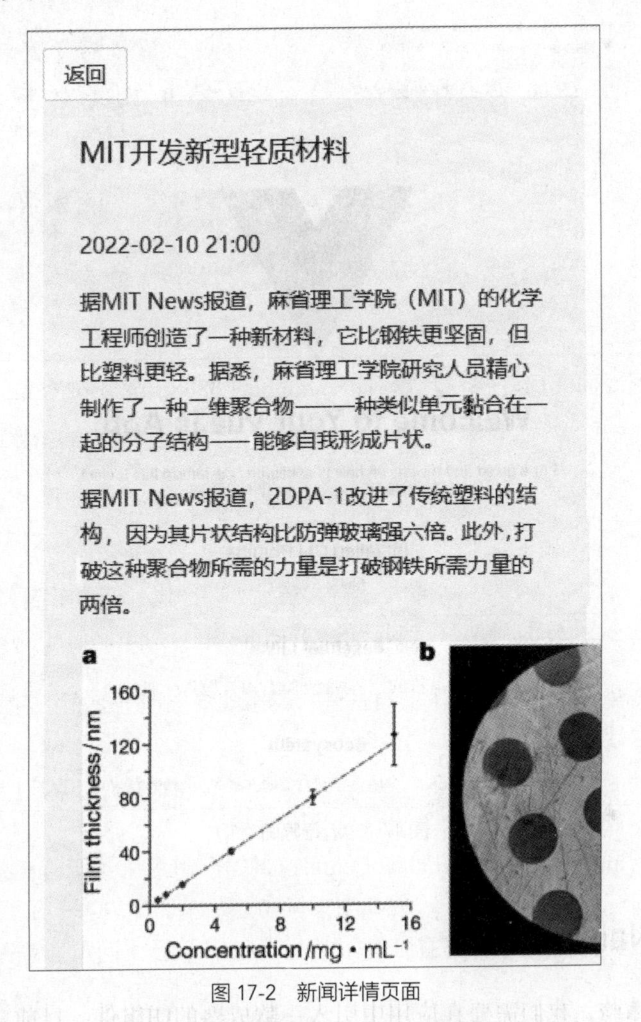


图 17-2 新闻详情页面

新闻详情页面包含“返回”按钮、新闻标题、新闻发布时间、新闻正文等内容。单击“返回”按钮，可以返回到首页（前一次访问记录）。

## 17.2 实现UI原型

以下介绍如何从零开始初始化前端客户端应用的UI原型。

### 17.2.1 初始化news-ui

通过Vue CLI工具可以快速初始化Vue应用的骨架，执行：

```
vue create news-ui
```

执行“npm run serve”运行该应用，启动后可以在浏览器中通过http://localhost:8080访问该应用，效果如图17-3所示。

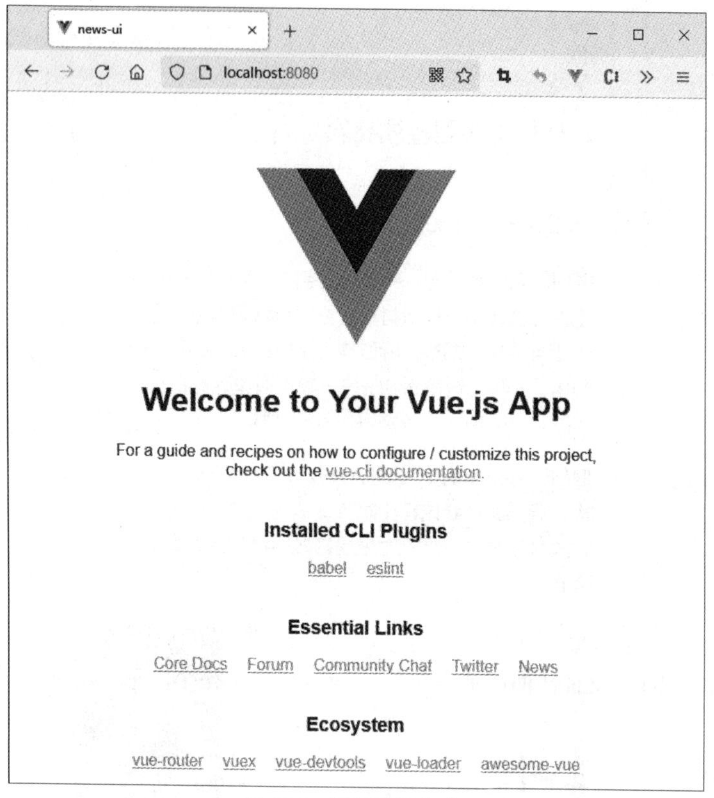


图 17-3　运行界面（1）

### 17.2.2 添加Naive UI

为了提升用户体验，我们需要在应用中引入一款成熟的UI组件。目前，市面上有非常多UI组件可供选择，例如Ant Design Vue、Vuetify、iView、Naive UI等。这些UI组件各有优势。在本例中，采用Naive UI，主要是考虑到该UI组件是天然支持Vue 3的，且其帮助文档、社区资源非常丰富，对于开发人员而言非常友好。

使用Naive UI需要安装naive-ui组件库和字体库。在Vue.js应用根目录下执行如下命令即可。

```
npm i -D naive-ui
npm i -D vfonts
```

使用Naive UI时，可以按需导入组件。以Button（按钮）控件为例，如果要在应用中使用Button控件，那么只需要引入Naive UI的NButton.vue组件。

以下是在App.vue组件中使用NButton.vue组件的示例：

```
<template>
    <n-button>Default</n-button>
```

```
    <n-button type="primary">Primary</n-button>
    <n-button type="info">Info</n-button>
    <n-button type="success">Success</n-button>
    <n-button type="warning">Warning</n-button>
    <n-button type="error">Error</n-button>
</template>

<script lang="ts">
  import { Options, Vue } from 'vue-class-component';
  import { NButton } from 'naive-ui'

  @Options({
    components: {
      NButton,
    },
  })
  export default class App extends Vue {}
</script>
```

最终界面如图17-4所示。

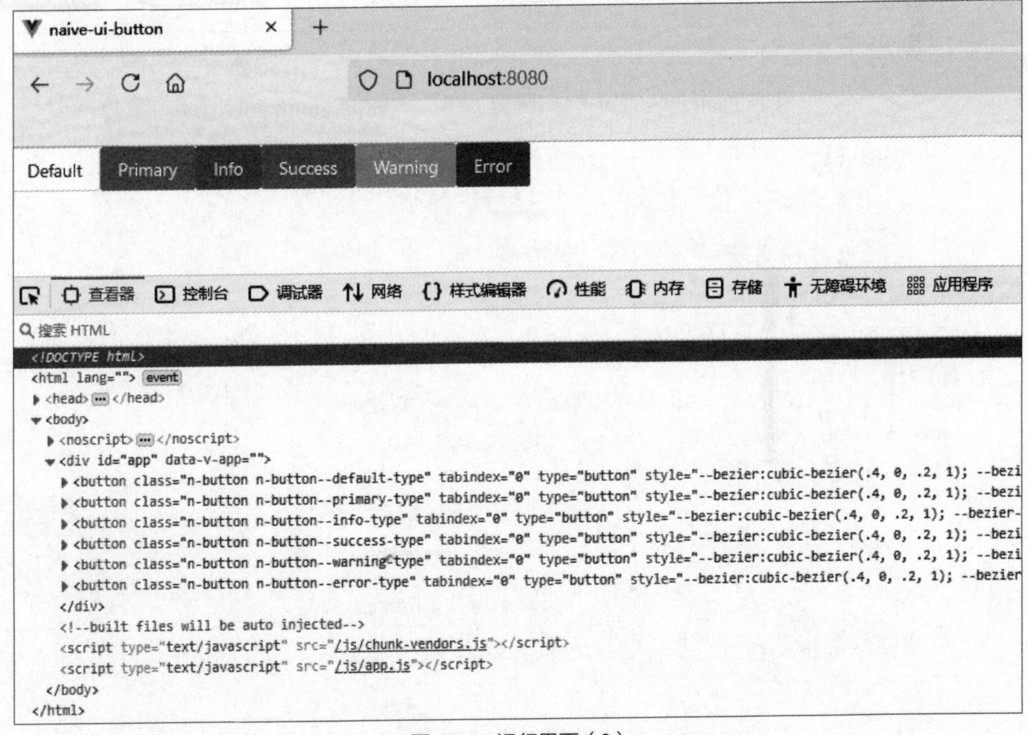


图17-4　运行界面（2）

## 17.2.3 创建组件

将首页组件拆分为首页（新闻列表）、新闻详情页面两个部分，相应地在应用中创建与之对应的2个组件：NewsList.vue和NewsDetail.vue，如图17-5所示。

```
∨ NEWS-UI
  > dist
  > node_modules
  > public
  ∨ src
    > assets
    ∨ components
      NewsDetail.vue
      NewsList.vue
    App.vue
```

图 17-5　创建组件

## 17.2.4 实现新闻列表原型设计

为了实现新闻列表原型设计，修改NewsList.vue代码如下：

```
<template>
  <n-list>
      <n-list-item v-for="item in newsData" :key="item.title">
        <div>
          <a href="/">{{ item.title }}</a>
        </div>
      </n-list-item>
  </n-list>
</template>

<script lang="ts">
   import { Options, Vue } from "vue-class-component";
   import { NList, NListItem } from "naive-ui";

   @Options({
     components: {
       NList,
       NListItem,
     },
   })
   export default class NewsList extends Vue {
     private newsData: any[]=[
       { id: "1", title: "这张冬奥大合影弥足珍贵" },
       { id: "2", title: "人类应该和衷共济、和合共生" },
       { id: "3", title: "中国队3朵金花携手晋级决赛" },
       { id: "4", title: "××也来蹭“冰墩墩”的热度了" },
       { id: "5", title: "猎豹摄像机跑得比运动员还快" },
       { id: "6", title: "劳斯莱斯欢庆××迎来重新设计" },
```

```
      { id: "7", title: "Android开始全面转向64位运算" },
      { id: "8", title: "英伟达GPU采用5nm工艺" }
    ];
  }
</script>
```

其中，newsData是静态数据，用于展示新闻列表的原型。

同时，为了让整体的布局更加合理，设置App.vue的样式：

```
<style>
  a {
    text-decoration: none;
  }

  #app {
    margin: 10px;
  }
</style>
```

运行应用，可以看到图17-6所示的运行效果。

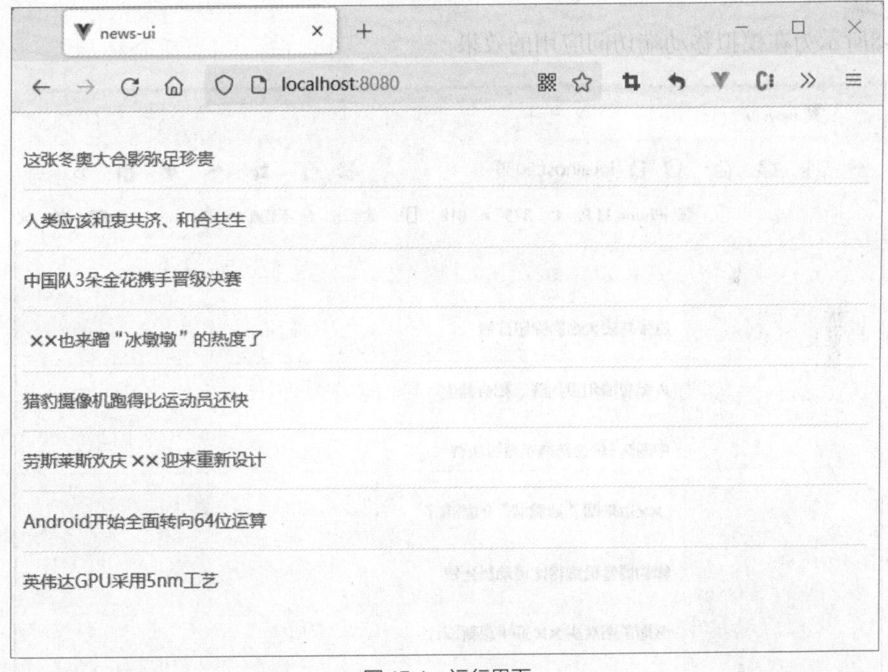


图 17-6　运行界面

为了更加真实地反映移动端访问应用的效果，我们可以通过浏览器模拟移动端界面。Firefox、Chrome等浏览器均支持模拟移动端界面。以Firefox浏览器为例，通过单击"菜单"→"更多工具"→"响应式设计模式"来展示移动端界面的效果，步骤如图17-7所示。

图 17-7　设置模拟移动端

图17-8所示为在模拟移动端访问应用的效果。

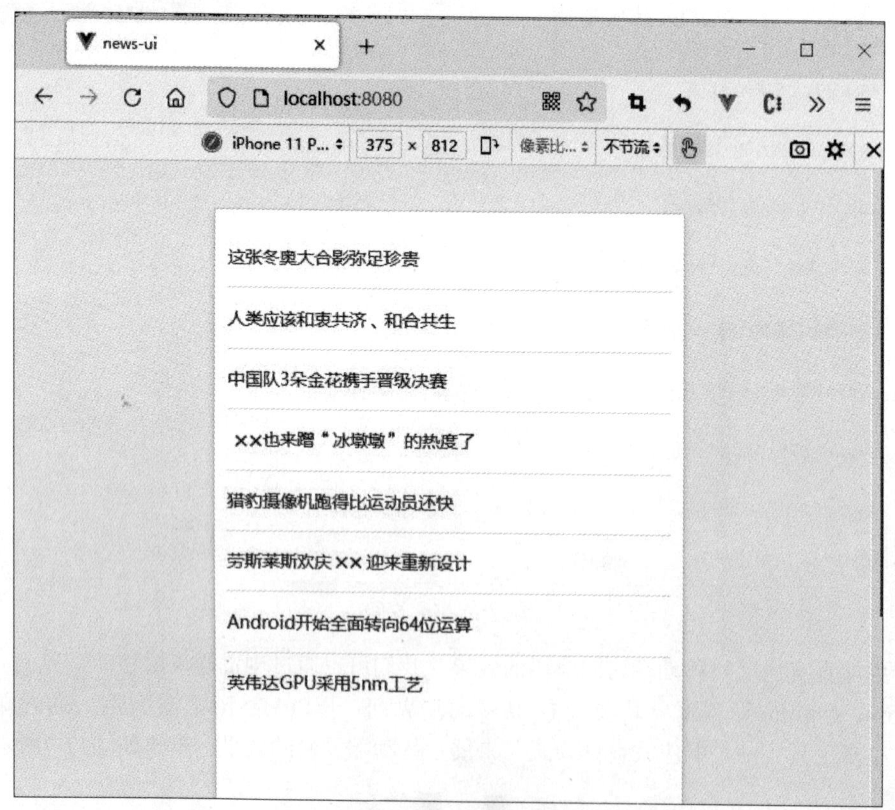


图 17-8　模拟移动端运行界面

## 17.2.5 实现新闻详情原型设计

接下来实现新闻详情原型设计。

新闻详情页面用于展示新闻的详细内容。相比于首页的新闻列表而言，新闻详情页面还多了新闻发布时间、新闻内容等。

修改NewsDetail.vue代码如下：

```
<template>
  <div class="news-detail">
    <n-button>返回</n-button>
    <n-card title="MIT开发新型轻质材料" embedded :bordered="false">
      <p>2022-02-10 21:00</p>
      <p>
        据MIT News报道，麻省理工学院（MIT）的化学工程师创造了一种新材料，它比钢铁更
坚固，但比塑料更轻。据悉，麻省理工学院研究人员精心制作了一种二维聚合物——一种类似单元黏合在
一起的分子结构——能够自我形成片状。
      </p>
      <p>
        据MIT News报道，2DPA-1改进了传统塑料的结构，因为其片状结构比防弹玻璃强六
倍。此外，打破这种聚合物所需的力量是打破钢铁所需力量的两倍。
      </p>

      <img
        src="https://nimg.ws.126.net/?url=http%3A%2F%2Fdingyue.ws.126.net
%2F2022%2F0210%2Fdbe58ee5j00r72dov001uc000j100bug.jpg&thumbnail=650x21474836
47&quality=80&type=jpg"
      />

    </n-card>
  </div>
</template>

<script lang="ts">
  import { Options, Vue } from "vue-class-component";
  import { NButton, NCard } from "naive-ui";

  @Options({
    components: {
      NButton,
      NCard,
    },
  })
  export default class NewsDetail extends Vue {}
</script>
```

在上述代码中，分别使用了NButton.vue、NCard.vue两个组件。其中，NButton.vue用作“返回”按钮，而NCard.vue用于展示新闻详情内容。

最终，新闻详情原型效果如图17-9所示。

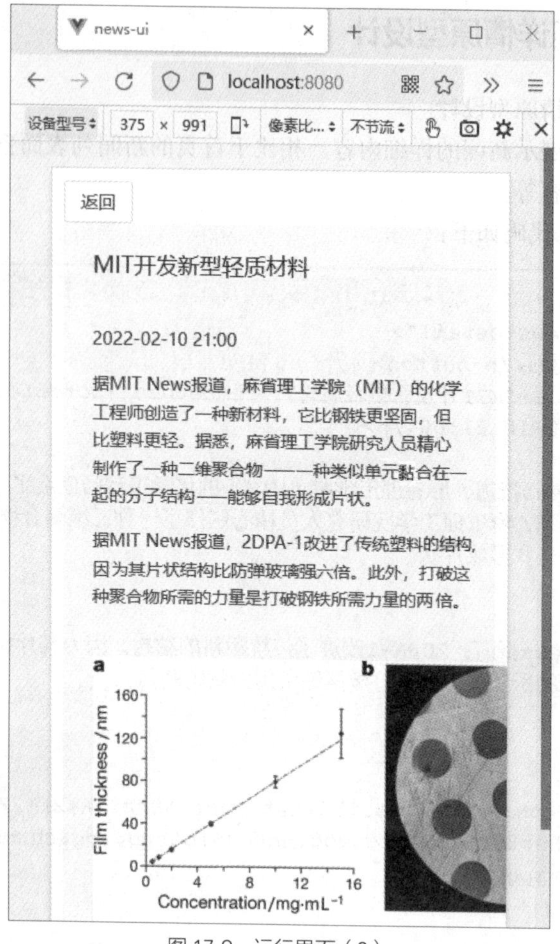


图 17-9　运行界面（3）

# 17.3 实现路由

我们需要在首页和新闻详情页面之间来回切换，此时，就需要设置路由器。

## 17.3.1 理解路由的概念

我们知道，在Web网页中是通过超链接来实现网页之间的跳转的。默认情况下，链接是一段具有下画线的蓝色文本，在视觉上与周围的文字明显不同。我们可以用手指单击或用鼠标单击超链接来激活链接；如果使用键盘，则可以按“Tab”键直到超链接具有焦点，然后按“Enter”键或空格键来激活链接。

路由其实就是用来组织你的网站链接的。例如，当单击页面上的“home”按钮时，页面中就会显示home的内容；单击页面上的“about”按钮时，页面中就会显示about的内容。home按钮指向了home的内容，而about按钮指向了about的内容。路由帮忙建立了一种映射，即从单击部分映射到单击之后要显示内容的部分。

单击之后怎么做到正确映射呢？例如，单击"home"按钮后，页面中怎么才能显示home的内容？这时就要进行路由的配置。

## 17.3.2 使用路由插件

要在Vue.js应用使用路由功能，推荐安装路由插件vue-router。这是一个由Vue官方维护的路由插件，它针对Vue 3有着一流的支持和兼容性。

要安装路由，在应用的根目录下执行以下命令即可：

```
npm install vue-router@4
```

上述命令用于将vue-router安装到应用中。

## 17.3.3 创建路由

创建一个路由文件router.ts，代码如下：

```
import { createRouter, createWebHashHistory } from "vue-router";
import NewsList from "./components/NewsList.vue";
const routes: Array<any>=[
    {
        path: "/",
        name: "NewsList",
        component: NewsList,
    },
    {
        path: "/news/:id",
        name: "NewsDetail",
        // 当访问路由时，它是懒加载的
        component: ()=>
            import("./components/NewsDetail.vue"),
    },

];

const router=createRouter({
    history: createWebHashHistory(), // Hash模式
    routes,
});

export default router;
```

上述代码，设置了以下路由规则：

- 当访问"/"路径时，则会响应NewsList.vue组件的内容；
- 当访问"/news"路径时，则会响应NewsDetail.vue组件的内容；
- createRouter()方法用于实例化router，其中参数history指定为Hash模式。

通过设置该路由器，可以方便地实现首页和新闻详情页面之间的切换。

## 17.3.4 如何使用路由

要使用上述定义的router.ts路由，我们需要在应用中修改两个文件。

**1．修改main.ts文件**

修改如下：

```
import { createApp } from 'vue'
import App from './App.vue'
import router from "./router";

// 使用路由router
createApp(App).use(router).mount('#app')
```

上述修改将router.ts以插件方式引入应用。

**2．修改App.vue文件**

修改如下：

```
<template>
  <div id="content">
    <router-view />
  </div>
</template>

<script lang="ts">
  import { Vue } from "vue-class-component";

  export default class App extends Vue {}
</script>

<style>
  a {
    text-decoration: none;
  }

  #app {
    margin: 10px;
  }
</style>
```

上述代码中，<router-view/>用于放置路由映射所对应的页面。

## 17.3.5 修改新闻列表组件

修改新闻列表组件NewList.vue代码如下：

```
<template>
  <n-list>
```

```
      <n-list-item v-for="item in newsData" :key="item.title">
        <div>
          <router-link :to="'/news/' + item.id">{{ item.title }}</router-link>
        </div>
      </n-list-item>
    </n-list>
  </template>

  <script lang="ts">
    import { Options, Vue } from "vue-class-component";
    import { NList, NListItem } from "naive-ui";

    @Options({
      components: {
        NList,
        NListItem,
      },
    })
    export default class NewsList extends Vue {
      private newsData: any[]=[
        { id: "1", title: "这张冬奥大合影弥足珍贵" },
        { id: "2", title: "人类应该和衷共济、和合共生" },
        { id: "3", title: "中国队3朵金花携手晋级决赛" },
        { id: "4", title: "××也来蹭“冰墩墩”的热度了" },
        { id: "5", title: "猎豹摄像机跑得比运动员还快" },
        { id: "6", title: "劳斯莱斯欢庆××迎来重新设计" },
        { id: "7", title: "Android开始全面转向64位运算" },
        { id: "8", title: "英伟达GPU采用5nm工艺" }
      ];
    }
  </script>
```

其中：

- <router-link>默认渲染为一个<a>标签；
- <router-link>的to代表了对应的一条路由。

### 17.3.6 为新闻详情组件增加“返回”按钮事件处理

修改新闻详情组件，在“返回”按钮上增加事件处理，用于返回到上一次浏览的页面（一般就是首页）。代码如下：

```
<n-button @click="goback()">返回</n-button>
...
```

上述代码中的@click将按钮的单击事件绑定到指定的goback()方法上。goback()方法代码如下：

```
goback(): void {
  // 浏览器回退浏览记录
  this.$router.go(-1);
}
```

上述方法中，$router.go()方法用于回退页面。

### 17.3.7 运行应用

运行应用，单击新闻列表的条目和“返回”按钮，就能实现首页和新闻详情页面之间的切换。

## 17.4 本章小结

本章主要介绍了news-ui前端应用的原型设计是如何实现的，内容包括首页UI设计和新闻详情页面UI设计等，主要涉及Vue.js、Naive UI等框架。

## 17.5 习题

请使用Vue.js技术，实现一个前端UI客户端应用的原型。

# 第18章 实战3：后端服务器应用

news-server是后端服务器应用，基于Spring Boot、Spring MVC、Spring Security、Spring Data等技术实现，并通过MySQL实现数据的存储。

本章介绍news-server的详细实现过程。

## 18.1 初始化后端应用

以下是初始化后端应用news-server的过程。

### 18.1.1 初始化应用

使用Spring Initializr来初始化一个Spring Boot应用原型news-server。在依赖库中，我们选择Spring Web、Spring Data JPA、Spring Security，如图18-1所示。

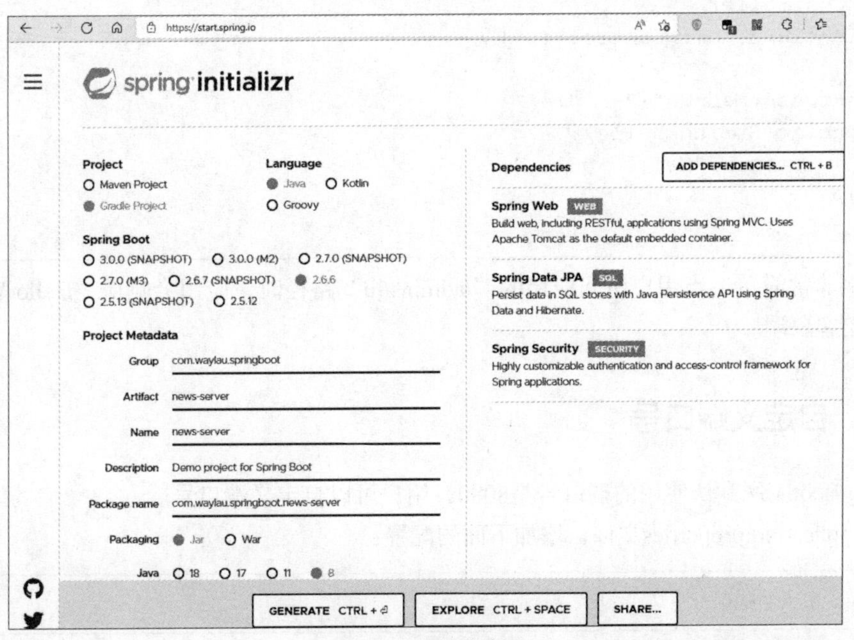


图 18-1　初始化应用

打开news-server应用的build.gradle文件，可以看到应用中引用的依赖如下：

```
// 依赖关系
dependencies {
    // 这些依赖用于编译阶段
    implementation 'org.springframework.boot:spring-boot-starter-data-jpa'
    implementation 'org.springframework.boot:spring-boot-starter-security'
    implementation 'org.springframework.boot:spring-boot-starter-web'

    // 这些依赖用于测试阶段
    testImplementation 'org.springframework.boot:spring-boot-starter-test'
    testImplementation 'org.springframework.security:spring-security-test'
}
```

这样，该应用将会：

- 采用Spring MVC作为MVC框架，并且集成Tomcat作为内嵌的Web容器；
- 采用Spring Data JPA作为数据持久化工具；
- 采用Spring Security作为应用安全工具。

## 18.1.2 编写“Hello World”应用

在安装完Spring Web之后，就可以通过Spring Web来编写Web应用了。在news-server应用中创建com.waylau.springboot.newsserver.controller包，在该包中编写AdminController类，代码如下：

```
import org.springframework.web.bind.annotation.RequestMapping;
import org.springframework.web.bind.annotation.RestController;

@RequestMapping("/admins")
@RestController
public class AdminController {

    @RequestMapping("/hi")
    public String hello() {
        return "Hello World!";
    }
}
```

该示例非常简单，当用户访问应用的“/admins/hi”路径时，应用会响应“Hello World!”字样的内容给客户端。

## 18.1.3 自定义端口号

Spring Boot应用默认使用的端口号是8080，用户可以自定义端口号。

修改application.properties文件，增加下面的配置：

```
server.port=8089
```

当服务器运行之后会占用8089端口。

### 18.1.4 创建安全配置类SecurityConfig

创建com.waylau.springboot.newsserver.config包，并创建如下安全配置类SecurityConfig。

```
    import org.springframework.security.config.annotation.authentication.builders.
AuthenticationManagerBuilder;
    import org.springframework.security.config.annotation.web.builders.HttpSecurity;
    import org.springframework.security.config.annotation.web.configuration.
EnableWebSecurity;
    import org.springframework.security.config.annotation.web.configuration.
WebSecurityConfigurerAdapter;

    @EnableWebSecurity
    public class SecurityConfig extends WebSecurityConfigurerAdapter {

        @Override
        public void configure(HttpSecurity http) throws Exception {
            http.authorizeRequests()
                    .antMatchers("/**").permitAll() // 所有请求都不认证
                    .anyRequest().authenticated() // 所有请求都要认证
                    .and()
                    .httpBasic()// 启用HTTP基本认证
                    .and().csrf().disable() // 禁用CSRF

            http.anonymous();
        }

        @Override
        protected void configure(AuthenticationManagerBuilder auth) throws Exception {
            auth.inMemoryAuthentication()
                    .withUser("waylau") // 用户名
                    .password("{noop}waylau123") // Spring Security要求在设置密
码时设置加密算法，为了简化演示，这里设置noop来指明不设置加密算法
                    .roles("USER"); // 用户角色

        }
    }
```

上述代码中antMatchers("/**").permitAll()是指所有的URL都允许访问（不启用认证），这样做是为了方便应用测试。csrf().disable()是指禁用CSRF。

### 18.1.5 运行“Hello World”应用

默认情况下运行应用是失败的，错误如下：

```
    ***************************
    APPLICATION FAILED TO START
    ***************************

    Description:
```

```
Failed to configure a DataSource: 'url' attribute is not specified and no embedded datasource could be configured.
Reason: Failed to determine a suitable driver class
Action:
Consider the following:
    If you want an embedded database (H2, HSQL or Derby), please put it on the classpath.
    If you have database settings to be loaded from a particular profile you may need to activate it (no profiles are currently active).
```

这个错误是因为没有配置数据源。修改build.gradle 文件，添加一个内存数据库。下面演示了添加H2内存数据库的依赖的过程：

```
// 依赖关系
dependencies {
    …
    // 添加 H2 的依赖
    implementation 'com.h2database:h2:2.1.212'
    …
}
```

再次运行应用，可以看到应用已经能够正常运行了。

## 18.2 初步实现登录认证

本节将实现用户的登录认证功能。

### 18.2.1 创建后端管理组件

后端管理组件主要用于管理新闻的发布。可进行后端管理的用户为管理员角色。换言之，要想访问后端管理界面，我们需要在前端进行登录授权。

在news-ui应用的components目录下，创建后端管理组件Admin.vue：

```
<template>
  Admin works!
</template>

<script lang="ts">
  import { Vue } from "vue-class-component";
  export default class Admin extends Vue {
  }
</script>
```

## 18.2.2 添加后端管理组件到路由器

为了使页面能被访问，我们需要将后端管理组件添加到路由器router.ts中。代码如下：

```
...
const routes: Array<any> = [
    ...
    {
        path: "/admin",
        name: "Admin",
        // 当访问路由时，它是懒加载的
        component: ()=>
            import("./components/Admin.vue"),// 后端管理
    },
];
```

运行应用，访问http://localhost:8080/#/admin，可以看到后端管理界面如图18-2所示。

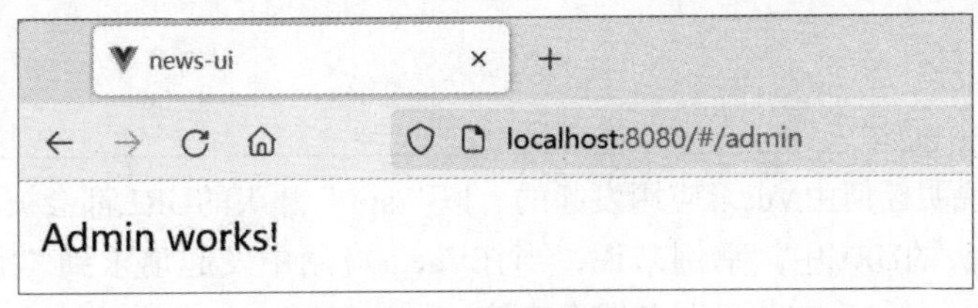


图 18-2 后端管理界面

后端管理组件目前还没有任何的业务逻辑，只是搭建了一个简单的"骨架"。

## 18.2.3 注入HTTP客户端

后端有一个只允许管理员角色访问的接口http://localhost:8089/admins/hi，目前没有设置权限认证拦截，因此任意HTTP客户端都是可以访问该接口的。

我们期望news-ui能够访问上述后端接口。为了实现在Vue.js应用中发起HTTP请求的功能，我们需要安装vue-axios框架。

在news-ui应用根目录下执行如下命令来安装vue-axios框架：

```
npm install --save axios vue-axios
```

## 18.2.4 客户端访问后端接口

有了HTTP客户端之后，就能远程发起HTTP请求到后端REST接口中。

### 1. 设置反向代理

由于本应用是前后端分离的，是分开部署、运行应用的，因此势必会遇到跨域访问的问题。

为了解决跨域访问问题，业界最为常用的方式是设置反向代理。其原理是设置反向代理服务器，让Vue.js应用都访问自己的服务器中的接口，而这类接口都会被反向代理服务器转发到Node.

js等后端服务接口中，这个过程对于Vue.js应用是无感知的。

业界经常采用Nginx服务来承担反向代理的职责。而在Vue.js应用中，使用反向代理将变得更加简单，因为Vue.js里自带反向代理服务器。设置方式为在Vue.js应用的根目录下，添加配置文件vue.config.js，并填写如下格式内容。

```
module.exports={
    devServer: {
        proxy: {
            '/api': {
                target: 'http://localhost:8089/', // 接口域名
                changeOrigin: true,               // 是否跨域
                ws: true,                         // 是否代理WebSockets
                secure: false,                    // 是否为HTTPS接口
                pathRewrite: {                    // 路径重置
                    '^/api': ''
                }
            }
        }
    }
};
```

这个配置文件说明任何由Vue.js应用发起的、以"/api/"开头的URL都会被反向代理到"http://localhost:8089/"开头的URL中。举例来说，当在Vue.js应用中发起请求到"http://localhost:8080/api/admins/hi"的URL时，反向代理服务器会将该URL映射到"http://localhost:8089/admins/hi"。

**2．客户端发起HTTP请求**

使用HTTP客户端axios发起HTTP请求。

```
<script lang="ts">
import { Vue } from "vue-class-component";
import axios from "axios";

export default class Admin extends Vue {
  // 后端管理数据
  private adminData: string="";

  // 接口地址
  private apiUrl: string="/api/admins/hi";

  // 初始化时就要获取数据
  mounted() {
    this.getData();
  }

  getData() {
    axios
      .get(this.apiUrl)
      .then((response)=>(this.adminData=response.data))
      .catch((err)=>
        // 请求失败的回调函数
```

```
            console.log(err)
        );
    }
}
</script>
```

在上述代码中，返回的数据会赋给adminData变量。

**3．绑定数据**

编辑Admin.vue，修改代码如下：

```
<template>
  <p>Get data from admin: {{ adminData }}</p>
</template>
```

上述代码将adminData变量绑定到了模板中。对adminData的任何赋值，都能及时呈现在页面中。

**4．测试**

将前后端应用都运行了之后，尝试访问http://localhost:8080/#/admin，可以看到图18-3所示的界面，这说明后端接口已经成功被访问了且返回了“Hello World!”文本。“Hello World!”文本被绑定机制渲染在了界面中。

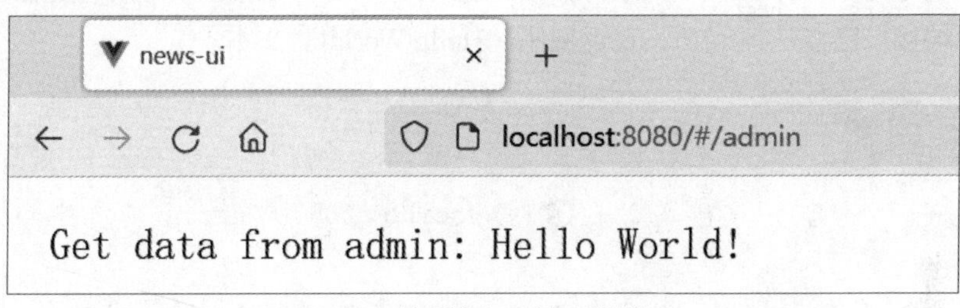


图 18-3　前后端应用访问后端接口

## 18.2.5 修改后端安全配置

为了对“/admins/hi”接口进行安全拦截，将SecurityConfig代码修改如下：

```
public class SecurityConfig extends WebSecurityConfigurerAdapter {

    @Override
    public void configure(HttpSecurity http) throws Exception {
        http.authorizeRequests()
                //.antMatchers("/**").permitAll() // 所有请求都不认证
                .anyRequest().authenticated() // 所有请求都要认证
                .and()
                .httpBasic()// 启用HTTP基本认证
                .and().csrf().disable() // 禁用CSRF
                ;
        http.anonymous();
```

```
        }
        ...
    }
```

上述代码中将antMatchers("/**").permitAll()注释掉了，这意味着所有的请求都需要认证。

将前后端应用都运行了之后，尝试访问http://localhost:8080/#/admin。由于该地址所访问的http://localhost:8089/admins/hi接口是需要认证的，因此首次访问时，会有图18-4所示的登录对话框。

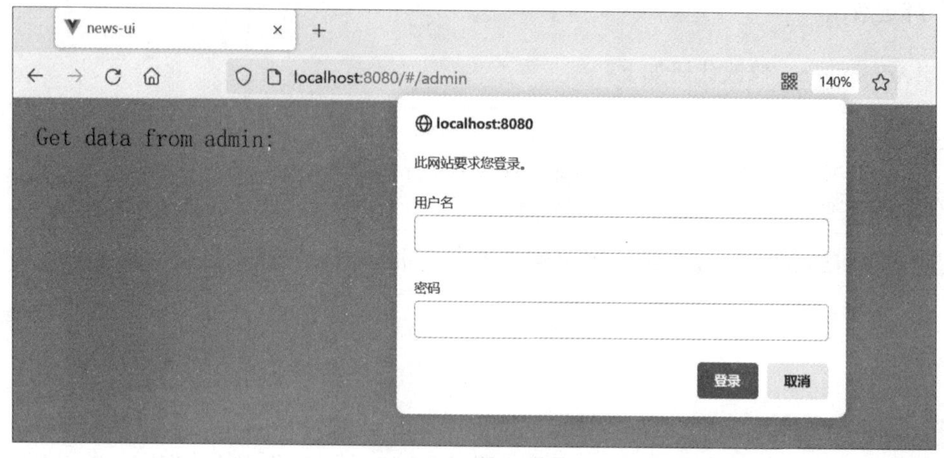


图 18-4　登录对话框

输入正确的账号“waylau”、密码“waylau123”，成功登录之后，可以看到图18-5所示的界面，这说明后端接口已经认证成功，且返回了“Hello World!”文本。

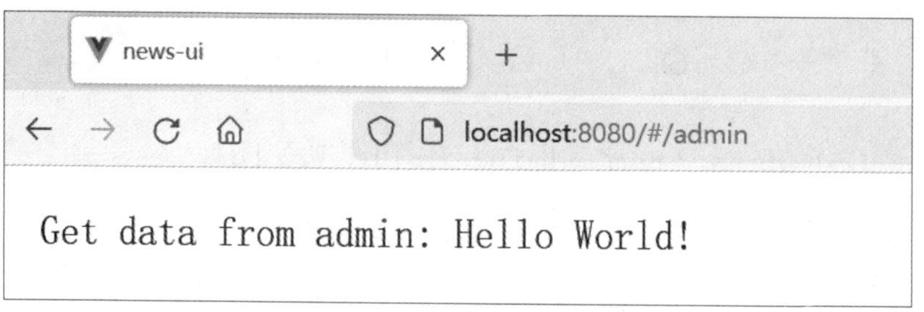


图 18-5　成功访问接口

提示

目前用户的信息是直接存储在程序中的，后期会转移至数据库中。

# 18.3 实现新闻列表展示

在首页需要实现展示最新的新闻列表。news-ui已经提供了原型，本节就将基于该原型，来实现对接真实的后端数据。

## 18.3.1 在后端服务器实现查询新闻列表的接口

在news-server应用中，新增NewsController类并新增查询新闻列表的接口。代码如下：

```
import com.waylau.springboot.newsserver.domain.News;
import com.waylau.springboot.newsserver.repository.NewsRepository;
import org.springframework.Beans.factory.annotation.Autowired;
import org.springframework.web.bind.annotation.*;
import java.util.ArrayList;
import java.util.List;

@RequestMapping("/news")
@RestController
public class NewsController {

    @Autowired
    private NewsRepository newsRepository;

    // 获取新闻列表
    @GetMapping
    public List<News> getNewsList() {
        Iterable<News> newsIterable=newsRepository.findAll();
        List<News> newsList=new ArrayList<>();

        // Iterable转换为List
        newsIterable.forEach(news -> {
            newsList.add(news);
        });

        return newsList;
    }
}
```

上述例子中，由于查询新闻列表的接口是公开的接口，因此无须对该接口进行权限拦截。修改SecurityConfig如下：

```
@EnableWebSecurity
public class SecurityConfig extends WebSecurityConfigurerAdapter {

    @Override
    public void configure(HttpSecurity http) throws Exception {
        http.authorizeRequests()
                .antMatchers("/news/**").permitAll() // 所有请求都不认证
                //.anyRequest().authenticated() // 所有请求都要认证
                .and()
                .httpBasic()// 启用HTTP基本认证
                .and().csrf().disable() // 禁用CSRF
                ;

        http.anonymous();
    }
```

```
    ...
}
```

上述配置表示对“/news”路径下的所有接口都不设置权限拦截。

## 18.3.2 实现客户端访问新闻列表的REST接口

在实现了后端接口之后，就可以在客户端发起对该接口的调用。

**1．修改组件脚本**

修改NewsList.vue脚本，代码如下：

```
<script lang="ts">
import { Options, Vue } from "vue-class-component";
import { NList, NListItem } from "naive-ui";
import axios from "axios";
import { News } from "./../news";

@Options({
  components: {
    NList,
    NListItem,
  },
})
export default class NewsList extends Vue {
  // 接口地址
  private newsListUrl: string="/api/news";
  private newsData: News[]=[];

  // 初始化时就要获取数据
  mounted() {
    this.getData();
  }

  getData() {
    axios
      .get<News[]>(this.newsListUrl)
      .then((response)=>{
        this.newsData=response.data;
      })
      .catch((err)=>
        // 请求失败的回调函数
        console.log(err)
      );
  }
}
</script>
```

上述代码实现了对新闻列表的REST接口的访问。

**2．修改组件模板**

修改NewsList.vue模板，代码如下：

```
<template>
  <n-list>
    <n-list-item v-for="item in newsData" :key="item.title">
      <div>
        <router-link :to="'/news/' + item.newsId">{{ item.title }}</router-link>
      </div>
    </n-list-item>
  </n-list>
</template>
```

<router-link>将会指向真实的newsId所对应的URL。newsId是MySQL服务器所返回的默认主键。

## 18.3.3 运行应用

运行应用，进行测试。

访问首页（http://localhost:8080），可以看到图18-6所示的新闻列表。

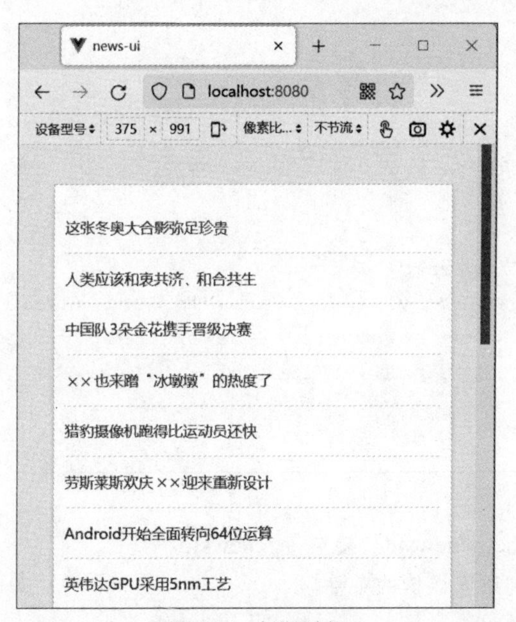


图 18-6 新闻列表

将鼠标指针移到任意新闻条目上，可以看到每个条目都有不同的URL，示例如下：

```
http://localhost:8080/#/news/624
```

这些URL就是为了下一步重定向到该条目的新闻详情页面做准备的。上面示例中的“624”就是该新闻条目在MySQL中自动生成的newsId。

接下来将实现新闻详情页面的改造。

# 18.4 实现新闻详情展示

news-ui已经提供了新闻详情页面的原型，本节就将基于该原型，来实现对接真实的后端数据。

## 18.4.1 在后端服务器实现查询新闻详情的接口

在news-server应用中增加查询新闻详情的接口。代码如下：

```
import com.waylau.springboot.newsserver.domain.News;
import com.waylau.springboot.newsserver.repository.NewsRepository;
import org.springframework.Beans.factory.annotation.Autowired;
import org.springframework.web.bind.annotation.*;
import java.util.ArrayList;
import java.util.List;
import java.util.Optional;

@RequestMapping("/news")
@RestController
public class NewsController {

    @Autowired
    private NewsRepository newsRepository;
    ...
    // 获取新闻详情
    @GetMapping("/{newsId}")
    public News getNewsById(@PathVariable Long newsId) {
        Optional<News> newsOptional=newsRepository.findById(newsId);
        return newsOptional.orElse(null);
    }
}
```

在上述示例中，可知：

- 客户端会通过“/news/newsId”接口传入newsId参数；
- 将newsId作为查询新闻详情的条件。

## 18.4.2 实现客户端访问新闻详情的REST接口

在实现了后端接口之后，就可以在客户端发起对该接口的调用。

**1．修改组件脚本**

修改NewsDetail.vue脚本，代码如下：

```
<script lang="ts">
```

```
import { Options, Vue } from "vue-class-component";
import { NButton, NCard } from "naive-ui";
import { News } from "./../news";
import axios from "axios";
import MdEditor from "md-editor-v3";

@Options({
  components: {
    NButton,
    NCard,
    MdEditor,
  },
})
export default class NewsDetail extends Vue {
  // 新闻详情页面数据
  private newsDetailResult: News=new News("", "", new Date());

  // 新闻详情接口地址
  private newsApiUrl: string="/api/news/";

  // 新闻详情主键
  private newsId: string="";

  // 初始化时就要获取数据
  mounted() {
    this.getData();
  }

  // 调用接口数据
  getData() {
    // 从路由参数中获取要访问的URL
    this.newsId=this.$route.params.id.toString();
    console.log("receive id: "+this.newsId);
    axios
      .get<News>(this.newsApiUrl + this.newsId)
      .then((response)=>{
        this.newsDetailResult=response.data;
        console.log(this.newsDetailResult);
      })
      .catch((err)=>
        // 请求失败的回调函数
        console.log(err)
      );
  }

  // 返回
  goback(): void {
    // 浏览器回退浏览记录
    this.$router.go(-1);
  }
}
</script>
```

上述代码实现了对新闻详情的REST接口的访问。

需要注意的是，newsId是从$router路由器对象里面获取的。

**2．修改组件模板**

修改NewsDetail.vue模板，代码如下：

```
<template>
  <div class="news-detail">
    <n-button @click="goback()">返回</n-button>
    <n-card :title="newsDetailResult.title" embedded :bordered="false">
      <p>{{ newsDetailResult.creation }}</p>
      <md-editor v-model="newsDetailResult.content" previewOnly="true" />
    </n-card>
  </div>
</template>
```

由于md-editor组件只涉及Markdown的预览而不需要编辑，因此将属性previewOnly设置为true，这样，页面只会呈现预览功能。

## 18.4.3 运行应用

运行应用，进行测试。

访问首页，单击任意新闻条目，可以切换至新闻详情页面，如图18-7所示。

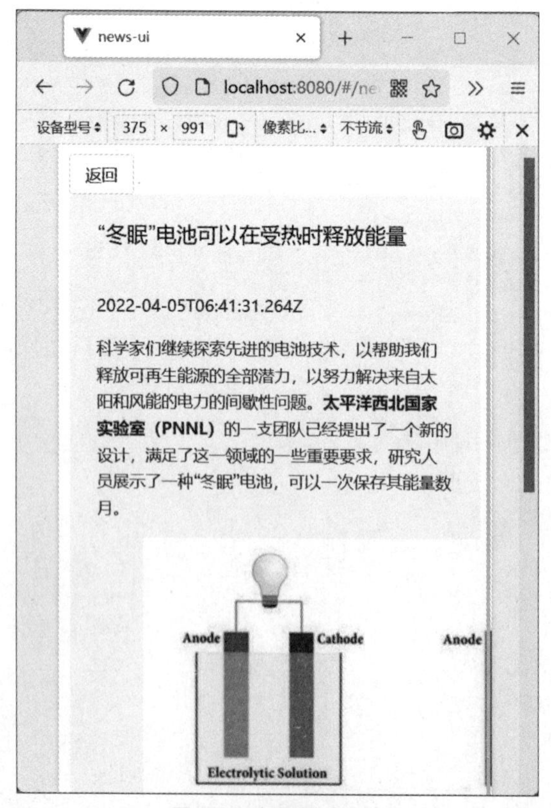


图 18-7　新闻详情页面

新闻详情页面显示的是数据库的最新内容。

# 18.5 实现认证信息的存储及读取

在18.2节中已经初步实现了用户的登录认证，但认证信息是硬编码在程序中的。本节将对登录认证做进一步的改造，实现认证信息在数据库中的存储及读取。

## 18.5.1 实现认证信息的存储

用户信息用User类来表示，代码如下：

```
package com.waylau.springboot.newsserver.domain;
import java.util.ArrayList;
import java.util.Collection;
import java.util.List;
import javax.persistence.Column;
import javax.persistence.Entity;
import javax.persistence.GeneratedValue;
import javax.persistence.GenerationType;
import javax.persistence.Id;
import org.springframework.security.core.GrantedAuthority;
import org.springframework.security.core.authority.SimpleGrantedAuthority;
import org.springframework.security.core.userdetails.UserDetails;
import org.springframework.security.crypto.bcrypt.BCryptPasswordEncoder;
import org.springframework.security.crypto.password.PasswordEncoder;

@Entity // 实体
public class User implements UserDetails {
    private static final long serialVersionUID=1L;

    @Id // 主键
    @GeneratedValue(strategy = GenerationType.IDENTITY) // 自增策略
    private Long userId; // 实体的唯一标识

    @Column(nullable=false, length=50, unique=true)
    private String email;

    @Column(nullable=false, length=20, unique=true)
    private String username; // 用户账号，用户登录时的唯一标识

    @Column(length=100)
    private String password; // 登录时的密码

    protected User() { // 无参构造函数，设置为protected以防止直接被使用
    }

    public User(String email, String username, String password) {
```

```
        this.email=email;
        this.username=username;
        this.password=password;
    }

    public Long getUserId() {
        return userId;
    }

    public void setUserId(Long userId) {
        this.userId=userId;
    }

    public String getEmail() {
        return email;
    }

    public void setEmail(String email) {
        this.email=email;
    }

    public String getUsername() {
        return username;
    }

    public void setUsername(String username) {
        this.username=username;
    }

    public String getPassword() {
        return password;
    }

    public void setPassword(String password) {
        this.password=password;
    }

    @Override
    public Collection<? extends GrantedAuthority> getAuthorities() {
        List<SimpleGrantedAuthority> simpleAuthorities=new ArrayList<>();
        simpleAuthorities.add(new SimpleGrantedAuthority("USER"));
                                                          // 默认就是USER角色
        return simpleAuthorities;
    }

    @Override
    public boolean isAccountNonExpired() {
        return true;
    }

    @Override
    public boolean isAccountNonLocked() {
```

```
            return true;
        }

        @Override
        public boolean isCredentialsNonExpired() {
            return true;
        }

        @Override
        public boolean isEnabled() {
            return true;
        }

        @Override
        public String toString() {
            return String.format("User[userId=%d,name='%s',username='%s',
email='%s']", userId, username, email);
        }
    }
```

请注意以下要点。

- User类实现了org.springframework.security.core.userdetails.UserDetails接口，这表示User类同时存储了认证的信息。
- getAuthorities()方法用于返回用户的角色信息。本应用力求简单，只有一个角色USER，因此直接在代码里面采用“硬编码”。如果业务复杂，涉及多个角色，我们也可以将角色信息单独存储到角色模型中。

上述模型建立之后，应用运行，就会自动在MySQL数据库里创建用户表。

为了力求简单，我们将认证的信息通过脚本初始化到MySQL服务器中。在应用的resources目录下，创建一个import.sql脚本文件，脚本内容如下：

```
    INSERT INTO user(user_id, username, password, email) VALUES(1, 'waylau',
'$2a$10$V7SoPuQlZy9be41c4Lwnve39pz24WCcVKnwaKWnwefjfCkLVITXsi', 'waylau@
waylau.com');
```

上述脚本会在应用运行时自动初始化到数据库中。其中password字段值是“waylau123”加密后的密文，加密方式采用的是Bcrypt加密算法，后续会介绍。

## 18.5.2 实现认证信息的读取

现在认证的信息已经存储至MySQL数据库中，需要一个方法来读取用户的信息。创建UserRepository类，实现用户的认证信息读取：

```
    import com.waylau.springboot.newsserver.domain.User;
    import org.springframework.data.jpa.repository.JpaRepository;

    public interface UserRepository extends JpaRepository<User, Long>{
        /**
         * 根据用户账号查询用户的认证信息
```

```
     * @param username
     * @return
     */
    User findByUsername(String username);
}
```

上述findByUsername()方法，用于查询指定用户的认证信息。

创建UserServiceImpl类，用于实现org.springframework.security.core.userdetails.UserDetailsService接口：

```
import com.waylau.springboot.newsserver.repository.UserRepository;
import org.springframework.Beans.factory.annotation.Autowired;
import org.springframework.security.core.userdetails.UserDetails;
import org.springframework.security.core.userdetails.UserDetailsService;
import org.springframework.security.core.userdetails.UsernameNotFoundException;
import org.springframework.stereotype.Service;

@Service
public class UserServiceImpl implements UserDetailsService {
    @Autowired
    private UserRepository userRepository;

    @Override
    public UserDetails loadUserByUsername(String username) throws
UsernameNotFoundException {
        return userRepository.findByUsername(username);
    }
}
```

UserDetailsService接口是由Spring Security提供的，实现该接口可以方便Spring Security框架获取到用户认证信息。

### 18.5.3 改造认证方法

最后一步是修改SecurityConfig类，并修改configureGlobal()方法如下：

```
import org.springframework.Beans.factory.annotation.Autowired;
import org.springframework.security.config.annotation.authentication.builders.
AuthenticationManagerBuilder;
import org.springframework.security.config.annotation.web.builders.HttpSecurity;
import org.springframework.security.config.annotation.web.configuration.
EnableWebSecurity;
import org.springframework.security.config.annotation.web.configuration.
WebSecurityConfigurerAdapter;
import org.springframework.security.core.userdetails.UserDetailsService;
import org.springframework.security.crypto.bcrypt.BCryptPasswordEncoder;

@EnableWebSecurity
public class SecurityConfig extends WebSecurityConfigurerAdapter {
    @Autowired
```

```
        private UserDetailsService userDetailsService;
        ...
        @Autowired
        public void configureGlobal(AuthenticationManagerBuilder auth) throws
Exception {
            auth.userDetailsService(userDetailsService)
            .passwordEncoder(new BCryptPasswordEncoder()); // 添加Bcrypt加密算法
        }
    }
```

上述修改说明如下。

- 将原来从内存中获取用户认证信息的方式改为了从UserDetailsService服务中获取，UserDetailsService服务的实现就是上面定义的UserServiceImpl类。
- 指定了加密算法为Bcrypt。

## 18.6 本章小结

本章介绍了新闻头条应用服务器的代码的开发，主要是基于Spring Boot、Spring MVC、Spring Security、Spring Data等技术实现的，并通过MySQL实现数据的存储。

有关新闻头条客户端及服务器的代码已经全部开发完成了，基本实现了新闻列表的查询、新闻详情的展示及权限认证。受限于篇幅，书中的代码力求简单易懂，注重将核心的实现方式呈现给读者。但如果想将这款应用作为商业软件，还需要进一步的完善，包括：

- 用户的管理；
- 用户信息的修改；
- 用户的角色分配；
- 新闻内容的编辑；
- 新闻分配；
- 图片服务器的实现。

这些待完善项需要读者通过自己在学习本书过程中掌握基础知识后，举一反三来实现，以期将新闻头条应用设计得精益求精。

## 18.7 习题

请使用Spring Boot、Spring MVC、Spring Security、Spring Data等技术实现一个新闻头条服务器，并通过MySQL实现数据的存储。

# 第19章 实战4：使用Nginx实现高可用

本章将介绍如何通过Nginx来实现前端应用（news-ui）的部署，同时实现后端服务器应用（news-server）的高可用。

## 19.1 Nginx概述

Nginx的用户包括Netflix、hulu、Pinterest、Cloudflare、Airbnb、WordPress、GitHub、SoundCloud、Zynga、Eventbrite、Zappos、Media Temple、Heroku、RightScale、Engine、Yard、MaxCDN等。

更多有关Nginx的介绍，读者可以参阅编者所著的开源书《Nginx 教程》。

### 19.1.1 Nginx特性

Nginx具有很多非常优越的特性。

- 作为Web服务器：相比Apache，Nginx使用更少的资源，支持更多的并发连接，具有更高的效率，这一点使Nginx尤其受虚拟主机提供商的欢迎。
- 作为负载均衡服务器：Nginx既可以在内部直接支持Rails和PHP，也可以作为HTTP代理服务器对外提供服务。Nginx用C编写，系统资源开销小，CPU（Central Processing Unit，中央处理器）使用效率高。
- 作为邮件代理服务器：Nginx是一款非常理想的邮件代理服务器。

### 19.1.2 下载Nginx

我们可以在Nginx官网免费下载其对应各个操作系统的安装包。

## 19.1.3 安装Nginx

以下是各个操作系统中Nginx的不同安装方式。

**1．Linux和BSD**

大多数Linux发行版和BSD（Berkeley Software Distribution，伯克利软件套件）版本在通常的软件包资源库中都有Nginx，它们可以通过任何通常用于安装软件的方法对Nginx进行安装，如在Debian平台使用apt-get、在Gentoo平台使用emerge、在FreeBSD 平台使用ports等。

**2．CentOS和RHEL**

首先添加Nginx的yum 库，接着创建名为Nginx.repo的文件，并粘贴如下配置到文件中。

CentOS的配置如下：

```
[Nginx]
name=Nginx repo
baseurl=http://Nginx.org/packages/centos/$releasever/$basearch/
gpgcheck=0
enabled=1
```

RHEL的配置如下：

```
[Nginx]
name=Nginx repo
baseurl=http://Nginx.org/packages/rhel/$releasever/$basearch/
gpgcheck=0
enabled=1
```

由于CentOS和RHEL使用的$releasever变量存在差异，有必要根据具体的操作系统版本手动将$releasever变量的值替换为5（5.x）或6（6.x）。

**3．Ubuntu**

Nginx分发页面列出了可用的Nginx Ubuntu版本。有关Ubuntu版本到发布名称的映射，请访问Ubuntu版本官方页面。

在/etc/apt/sources.list中附加适当的脚本。如果担心资源库添加的持久化（即DigitalOcean Droplets）不能保证，则可以将适当的部分添加到/etc/apt/sources.list.d/下的其他列表文件中，例如/etc/apt/sources.list.d/Nginx.list。

```
## Replace $release with your corresponding Ubuntu release.
deb http://Nginx.org/packages/ubuntu/ $release Nginx
deb-src http://Nginx.org/packages/ubuntu/ $release Nginx
```

在Ubuntu 16.04 LTS（Xenial Xerus）版本下，设置如下：

```
deb http://Nginx.org/packages/ubuntu/ xenial Nginx
deb-src http://Nginx.org/packages/ubuntu/ xenial Nginx
```

要想安装Nginx，执行如下脚本：

```
sudo apt-get update
sudo apt-get install Nginx
```

安装过程中如果出现如下的错误：

```
    W: GPG error: http://Nginx.org/packages/ubuntu xenial Release: The following
signatures couldn't be verified because the public key is not available: NO_PUBKEY
$key
```

则执行下面的命令：

```
## Replace $key with the corresponding $key from your GPG error.
sudo apt-key adv --keyserver keyserver.ubuntu.com --recv-keys $key
sudo apt-get update
sudo apt-get install Nginx
```

**4．Debian 6**

如果在Debian 6上安装Nginx，添加下面的脚本到/etc/apt/sources.list：

```
deb http://Nginx.org/packages/debian/ squeeze Nginx
deb-src http://Nginx.org/packages/debian/ squeeze Nginx
```

**5．Windows**

在Windows环境中安装Nginx，命令如下：

```
cd c:\
unzip Nginx-1.15.8.zip
ren Nginx-1.15.8 Nginx
cd Nginx
start Nginx
```

如果出现问题，可以参看日志 c:\Nginxlogserror.log。

此外，目前Nginx官网只提供了32位的Windows版本安装包，如果想安装64位的版本，我们可以查看由Kevin Worthington（凯文・沃辛顿）维护的Windows版本。

## 19.1.4 验证Nginx安装

Nginx正常启动后会占用80端口。打开“任务管理器”，能够看到相关的Nginx活动线程，如图19-1所示。

打开浏览器访问http://localhost:80（其中端口号80可以省略），就能看到Nginx的欢迎页面，如图19-2所示。

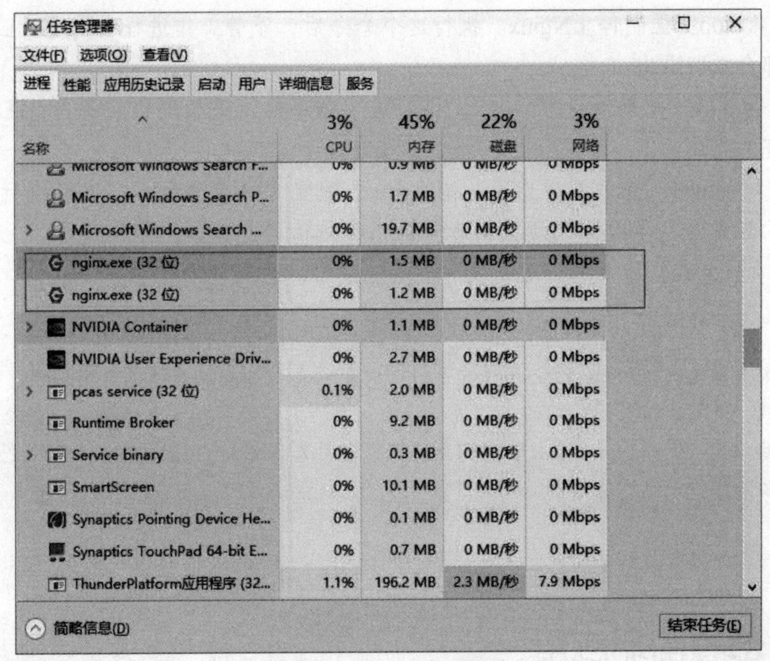


图 19-1 Nginx 活动线程

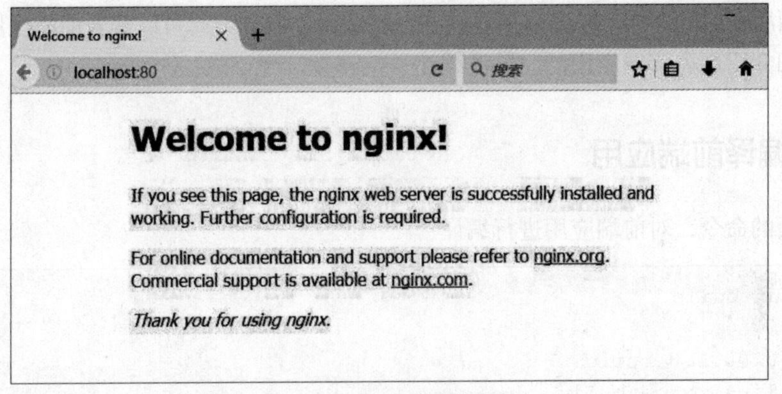


图 19-2 Nginx 的欢迎页面

停止Nginx的命令如下：

```
nginx -s stop
```

## 19.1.5 Nginx常用命令

Nginx启动后，有一个主进程（Master Process）和一个（或多个）工作进程（Worker Process）。主进程的作用主要是读入和检查Nginx的配置信息，以及维护工作进程；工作进程才是真正处理用户请求的进程。具体要启动多少个工作进程，可以在Nginx的配置文件Nginx.conf中通过worker_processes命令指定。通过以下命令可以控制Nginx：

```
nginx -s [ stop | quit | reload | reopen ]
```

- Nginx -s stop：强制停止Nginx。执行这个命令后，不管工作进程当前是否正在处理用户请求，都会立即退出。
- Nginx -s quit：优雅地退出Nginx。执行这个命令后，工作进程会将当前正在处理的请求处理完后再退出。
- Nginx -s reload：重载配置信息。当Nginx的配置文件改变之后，通过执行这个命令，使更改的配置信息生效，无须重新启动Nginx。
- Nginx -s reopen：重新打开日志文件。

提示

当重载配置信息时，Nginx的主进程首先检查配置信息。如果配置信息没有错误，主进程会启动新的工作进程，并发出信号通知旧的工作进程退出；旧的工作进程接收到信号后，会处理完当前正在处理的请求后退出。如果Nginx的主进程检查配置信息时发现错误，就会回滚所做的更改，沿用旧的工作进程继续工作。

# 19.2 部署前端应用

正如前面所介绍的那样，Nginx是高性能的HTTP服务器，因此可以部署前端应用（news-ui）。本节详细介绍部署前端应用的完整流程。

## 19.2.1 编译前端应用

执行下面的命令，对前端应用进行编译：

```
$ npm run build

> news-ui@0.1.0 build
> vue-cli-service build


|  Building for production...

 DONE  Compiled successfully in 14128ms
                                                 19:25:03

  File                                       Size                Gzipped

  dist\js\chunk-vendors.103af608.js        191.46 KiB          68.07 KiB
  dist\js\chunk-456383e6.2dde148b.js       92.56 KiB           26.63 KiB
  dist\js\chunk-0231dea6.ffe91303.js       45.06 KiB           12.27 KiB
  dist\js\app.7625a4d1.js                  5.58 KiB            2.36 KiB
  dist\js\chunk-62cf65b8.0c1f52d5.js       1.68 KiB            0.86 KiB
  dist\css\chunk-62cf65b8.f47f288f.css     38.64 KiB           15.73 KiB
  dist\css\app.2dce3160.css                0.04 KiB            0.06 KiB
```

```
    Images and other types of assets omitted.
   DONE  Build complete. The dist directory is ready to be deployed.
   INFO  Check out deployment instructions at https://cli.vuejs.org/guide/
deployment.html
```

编译后的文件默认放在dist文件夹下，如图19-3所示。

full-stack-development-with-vuejs-and-nodejs › samples › news-ui

| 名称 | 修改日期 | 类型 | 大小 |
|---|---|---|---|
| dist | 2022/4/5 19:25 | 文件夹 | |
| node_modules | 2022/4/5 9:37 | 文件夹 | |
| public | 2022/2/8 21:50 | 文件夹 | |
| src | 2022/4/5 11:13 | 文件夹 | |
| .gitignore | 2022/2/8 22:02 | GITIGNORE 文件 | 1 KB |
| babel.config.js | 2022/2/8 22:02 | JavaScript 文件 | 1 KB |
| package.json | 2022/4/5 9:37 | JSON 文件 | 2 KB |
| package-lock.json | 2022/4/5 9:37 | JSON 文件 | 1,180 KB |
| README.md | 2022/2/8 22:02 | MD 文件 | 1 KB |
| tsconfig.json | 2022/2/8 22:02 | JSON 文件 | 1 KB |
| vue.config.js | 2022/4/4 23:43 | JavaScript 文件 | 1 KB |

图 19-3　dist 文件夹

## 19.2.2　部署前端应用编译文件

将前端应用编译文件复制到Nginx安装目录的html目录下，如图19-4所示。

› nginx-1.15.8 › html

| 名称 | 修改日期 | 类型 | 大小 |
|---|---|---|---|
| css | 2022/4/5 19:27 | 文件夹 | |
| js | 2022/4/5 19:27 | 文件夹 | |
| favicon.ico | 2022/4/5 19:25 | 图标 | 5 KB |
| index.html | 2022/4/5 19:25 | Microsoft Edge HT... | 1 KB |

图 19-4　html 目录

## 19.2.3　配置Nginx

打开Nginx安装目录下的conf/Nginx.conf，配置如下：

```
worker_processes  1;

events {
    worker_connections  1024;
}
```

```
http {
    include       mime.types;
    default_type  application/octet-stream;
    sendfile        on;
    keepalive_timeout  65;

    server {
        listen       80;
        server_name  localhost;
        location / {
            root   html;
            index  index.html index.htm;

            # 处理前端应用路由
            try_files $uri $uri/ /index.html;
        }

        # 反向代理
        location /api/ {
            proxy_pass  http://localhost:8089/;
        }

        error_page   500 502 503 504  /50x.html;
        location=/50x.html {
            root   html;
        }
    }
}
```

修改点主要如下。

- 新增了“try_files”配置，主要用于处理前端应用的路由。
- 新增了“location”节点，用于执行反向代理，将前端应用中的HTTP请求转发到后端服务接口。

# 19.3 实现负载均衡及高可用

在大型Web应用中，应用的实例通常会部署多个，其好处如下。

- 实现负载均衡，让多个实例去分担用户请求的负载。
- 实现高可用，当多个实例中任意一个实例出现故障，剩下的实例仍然能够响应用户的访问请求。从整体上看，部分实例的故障并不影响应用的使用，因此可以实现高可用。

本节将演示如何基于Nginx来实现负载均衡及高可用。

## 19.3.1 配置负载均衡

在Nginx中，负载均衡配置如下：

```
...
upstream news-server {
    server 127.0.0.1:8083;
    server 127.0.0.1:8081;
    server 127.0.0.1:8082;
}

server {
    listen       80;
    server_name  localhost;

    location / {
        root   html;
        index  index.html index.htm;

        # 处理前端应用路由
        try_files $uri $uri/ /index.html;
    }

    # 反向代理
    location /api/ {
        proxy_pass  http://news-server/;
    }

    error_page   500 502 503 504  /50x.html;
    location=/50x.html {
        root   html;
    }
}
...
```

其中：

- listen用于指定Nginx启动时所占用的端口号；
- proxy_pass用于设置代理服务器，这个代理服务器是设置在upstream中的；
- upstream中的每个server代表后端服务的一个实例，在这里，我们设置了3个后端服务实例。

针对前端应用路由，我们还需要设置try_files。

## 19.3.2 负载均衡常用算法

在Nginx中，负载均衡常用算法主要包括以下几种。

### 1. 轮询（默认）

每个请求按时间顺序逐一分配到不同的后端服务器，如果某个后端服务器不可用，就能自动剔除。

以下是轮询的配置：

```
upstream news-server {
    server 127.0.0.1:8083;
```

```
    server 127.0.0.1:8081;
    server 127.0.0.1:8082;
}
```

**2. 权重**

我们可以通过weight来指定轮询权重，用于后端服务器配置不均衡的情况。权重值越大，则后端服务器被分配请求的概率越高。

以下是权重的配置：

```
upstream news-server {
    server 127.0.0.1:8083 weight=1;
    server 127.0.0.1:8081 weight=2;
    server 127.0.0.1:8082 weight=3;
}
```

**3. ip_hash**

每个请求按访问IP（Internet Protocol，互联网协议）地址的hash值来分配，这样每个访客固定访问一个后端服务器。

以下是ip_hash的配置：

```
upstream news-server {
    ip_hash;
    server 192.168.0.1:8083;
    server 192.168.0.2:8081;
    server 192.168.0.3:8082;
}
```

**4. fair**

按后端服务器的响应时间来分配请求，优先为响应时间短的分配。

以下是fair的配置：

```
upstream news-server {
    fair;
    server 192.168.0.1:8083;
    server 192.168.0.2:8081;
    server 192.168.0.3:8082;
}
```

**5. url_hash**

按访问URL的hash结果来分配请求，使每个URL定向到同一个后端服务器，这种方式在后端服务器为缓存服务器时比较有效。

例如，在upstream中加入hash语句，server语句中不能写入weight等其他的参数，hash_method表示使用的是hash算法。

以下是url_hash的配置：

```
upstream news-server {
    hash $request_uri;
    hash_method crc32;
    server 192.168.0.1:8083;
    server 192.168.0.2:8081;
    server 192.168.0.3:8082;
}
```

## 19.3.3 实现后端服务的高可用

高可用，简单来说就是同一个服务会配置多个实例。这样，即便某一个实例出现故障，其他实例仍然能够正常地提供服务，从而整个服务就是可用的。

为了实现后端服务的高可用，我们需要对后端应用news-server的启动方式做一些调整。

执行下面的命令启动3个不同的服务实例：

```
java -jar build/libs/news-server-0.0.1-SNAPSHOT.jar --server.port=8081
java -jar build/libs/news-server-0.0.1-SNAPSHOT.jar --server.port=8082
java -jar build/libs/news-server-0.0.1-SNAPSHOT.jar --server.port=8083
```

这3个实例会占用不同的端口，它们是独立运行在各自的进程中的，如图19-5所示。

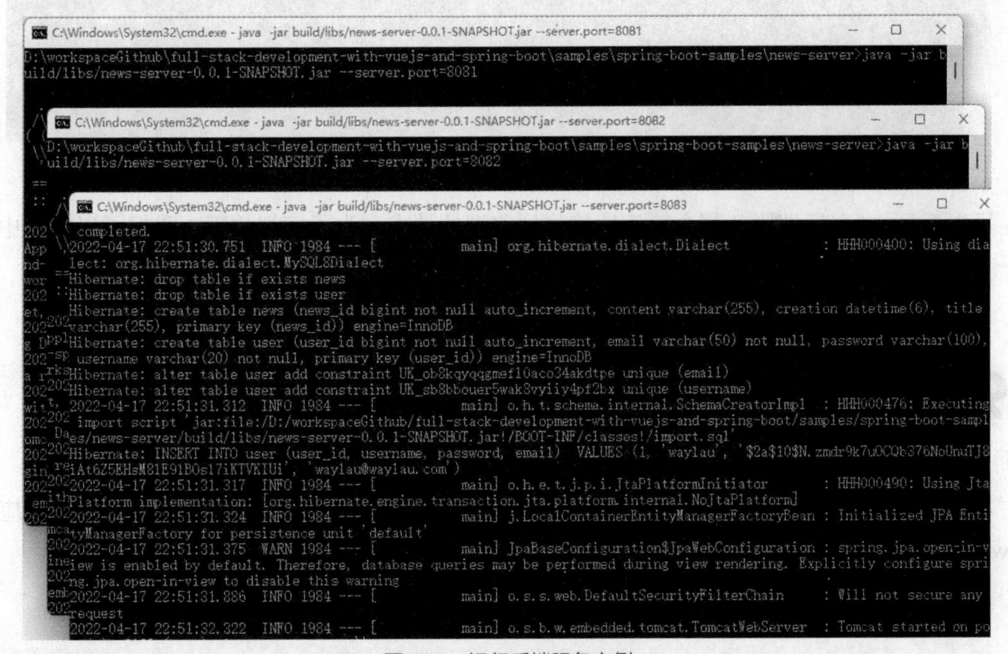


图19-5 运行后端服务实例

> **提示**
>
> 在实际应用中，服务实例往往会部署在不同的主机当中。本书示例仅用于简单演示，所以将服务实例部署在了同一个主机上，但本质上部署方式是类似的。

### 19.3.4 运行

后端服务启动之后，再启动Nginx服务器，而后在浏览器中访问http://localhost/以访问前端应用，同时观察后端控制台输出的内容，如图19-6所示。

图 19-6 后端负载均衡情况

可以看到，3个后端服务都会轮流地接收到前端的请求。为了模拟故障，我们可以将其中任意一个后端服务停止，这时可以发现前端仍然能够正常响应，这样就实现了应用的高可用。

## 19.4 本章小结

本章主要介绍了通过Nginx来实现前端应用（news-ui）的部署，同时实现后端服务器应用（news-server）的高可用。

## 19.5 习题

1. 请对前端应用（news-ui）进行编译。
2. 请用Nginx来实现前端应用（news-ui）的部署。
3. 请实现后端服务器应用（news-server）的高可用。